高等教育机械大类"十三五"规划教材

机械 CAD/CAM 技术与应用

Jixie CAD/CAM Jishu yu Yingyong

▲ 主　审　林　颖

▲ 主　编　范淇元　覃羡烘

▲ 副主编　李　俏　黄永程　叶金虎

U0333869

华中科技大学出版社
http://www.hustp.com
中国·武汉

内 容 简 介

本书从机械CAD/CAM技术的基本知识开始,对机械CAD技术、计算机辅助工程(CAE)分析技术、计算机辅助工艺过程设计(CAPP)技术及机械CAM技术的理论进行阐释。同时,对机械CAD/CAM技术在机械工程中的应用通过实例进行介绍,从而对机械CAD/CAM技术的了解和应用作了全面的分析。本书内容以由浅入深、循序渐进及通俗易懂的指导思想与原则组织编写。本书采取理论、技术应用与实训教学相结合的方式,参考机械CAD/CAM领域涉及的系统和方法,通过绘图、设计、分析、模拟测试及判断、优化解决实际问题。

机械CAD/CAM技术在机械、航空、电子、造船、汽车、石油、建筑、地质、测绘及轻工等行业得到了应用及深层次的推广。普及和推广应用这一新兴学科,促进我国科学技术的迅速发展,提高产品设计和制造水平,已势在必行。本书力争使广大读者对机械CAD/CAM技术的基本应用有一较全面的了解,为进一步学习机械CAD/CAM技术打下坚实的基础。

图书在版编目(CIP)数据

机械CAD/CAM技术与应用/范淇元,覃羡烘主编. —武汉:华中科技大学出版社,2019.1(2025.2重印)
高等教育机械大类"十三五"规划教材
ISBN 978-7-5680-4946-7

Ⅰ.①机… Ⅱ.①范… ②覃… Ⅲ.①机械设计-计算机辅助设计-高等学校-教材 ②机械制造-计算机辅助制造-高等学校-教材 Ⅳ.①TH122 ②TH164

中国版本图书馆CIP数据核字(2019)第012699号

机械CAD/CAM技术与应用
Jixie CAD/CAM Jishu yu Yingyong

范淇元 覃羡烘 主编

策划编辑:彭中军
责任编辑:段亚萍
封面设计:原色设计
责任监印:朱 玢
出版发行:华中科技大学出版社(中国·武汉)   电话:(027)81321913
          武汉市东湖新技术开发区华工科技园   邮编:430223
录　　排:华中科技大学惠友文印中心
印　　刷:武汉邮科印务有限公司
开　　本:787mm×1092mm　1/16
印　　张:12.25
字　　数:324千字
版　　次:2025年2月第1版第3次印刷
定　　价:39.00元

机械 CAD/CAM 技术在我国出现在 20 世纪 70 年代,现在已经在机械、航空、电子、船舶、汽车、石油、建筑、地质、测绘及轻工等行业得到了应用及深层次的推广。普及和推广应用这一新兴学科,促进我国科学技术的迅速发展,提高产品设计和制造水平,已势在必行。本书采取理论、技术应用与实训教学相结合的方式,参考当今机械 CAD/CAM 领域涉及的系统和方法,通过绘图、设计、分析、模拟测试及判断、优化解决实际问题,系统地阐述了机械 CAD/CAM 的基础理论、基本方法、关键技术及应用系统。

本书内容新颖,体系完整,系统性强,注重基本原理、方法和典型应用的介绍,并力求反映机械 CAD/CAM 技术最新的发展趋势。全书分为 11 章,本着由浅入深、循序渐进及通俗易懂的指导思想与原则,从机械 CAD/CAM 技术的基本介绍开始,对机械 CAD 技术、计算机辅助工程(CAE)分析技术、计算机辅助工艺过程设计(CAPP)技术及机械 CAM 技术的理论进行阐述,同时对机械 CAD/CAM 技术在机械工程中的应用通过实例进行说明,从而对机械 CAD/CAM 技术的了解和应用作了全面的分析,还对计算机辅助生产管理与控制及计算机辅助管理系统(PPMS)进行了介绍,最后讲解了企业智能制造(EMI)、虚拟制造(VM)、并行工程(CE)与计算机集成制造系统(CIMS)的相关内容。本书力争使广大读者对机械 CAD/CAM 技术的基本应用有一较全面的了解,为进一步学习机械 CAD/CAM 技术打下基础。每章后附有一定数量的思考题,方便广大读者自学。

本书由华南理工大学广州学院范淇元、广东理工学院覃羡烘任主编并负责全书的统稿及修改,广东理工学院李俏、黄永程及罗定职业技术学院叶金虎担任副主编。本书第 10、11 章由范淇元编写,第 3、4、9 章由覃羡烘编写,第 2、5、8 章由李俏编写,第 1、6、7 章由黄永程、叶金虎编写。本书引用了一些文献中的内容,在此编者谨对这些被引用的文献的作者表示衷心的感谢!

本书由华南理工大学林颖教授主审。

本书可作为高等学校机械制造、机械设计、机电工程类专业本科学生的教材,也可供相关专业的本科生、研究生以及工程技术人员参考。

由于编者水平有限,编写时间仓促,书中难免有不足和疏漏之处,敬请广大师生及读者批评指正,以便再版时完善。

编　者

2019 年 1 月

第 1 章

机械 CAD/CAM 技术概述

Computer aided design and manufacturing 是一门多学科综合性技术,是当今先进的生产力,被国际公认为是现代工程技术领域重要的科技成就之一。它的出现改变了传统的产品制造方式,并对制造业的生产模式和人才知识结构等产生了重大影响。

CAD/CAM 系统包括计算机辅助设计(computer aided design,CAD)、计算机辅助工程(computer aided engineering,CAE)、计算机辅助工艺过程设计(computer aided process planning,CAPP)和计算机辅助制造(computer aided manufacturing,CAM)等技术。计算机技术在设计制造中的应用已经从往日的计算、绘图、NC 加工发展到当今的三维建模、优化设计、计算机辅助工程分析和虚拟设计、计算机辅助工艺过程设计 CAPP、CAD/CAM 一体化自动数控编程、柔性制造系统 FMS、计算机集成制造系统 CIMS、计算机辅助生产管理与控制、智能制造与虚拟制造等技术。

一方面,随着人类的不断进步,人类的需求不断产生变化,推动了制造业的不断发展,促使机械 CAD/CAM 技术的产生和进步。另一方面,人类科学技术的每次革命,必然引起与之密切相关的制造技术的不断发展。

◀ 1.1 机械 CAD/CAM 基本概念及发展史 ▶

自 1946 年世界上第一台电子计算机在美国问世后,人们就不断地将计算机技术引入机械设计、制造领域。正是由于计算机技术的发展,设计和生产的方法都在发生着显著变化。以前一直只能靠手工完成的简单作业,逐渐通过计算机实现了高效化和高精度化,并逐渐出现了计算机辅助设计、计算机辅助工艺过程设计及计算机辅助制造等一系列概念。这些新技术的发展和应用,使得传统的产品设计方法与生产组织运作模式发生了深刻的变化,给古老的工程设计和制造学科增添了新的动力,促进了企业生产力的提升,产生了巨大的社会和经济效益,而CAD/CAM 技术正是先进制造体系的重要组成部分。

1. CAD/CAM 的基本概念

CAD——computer aided design 以计算机为辅助手段完成整个产品的设计过程。广义的CAD 包括设计与分析两个方面。在机械设计和制造领域,它是指用计算机来辅助一项机械产品设计的建立、修改、分析和优化,即整个机械产品设计工作先由设计人员构思,再利用计算机进行产品的二维、三维数学模型建立,然后根据产品的功能和性能要求进行产品的相关计算和分析、各种设计方案比较以及优化设计,以获得满意的机械产品设计结果。CAD 系统一般包括以下几个方面的功能:草图设计、零件设计、工程分析、装配设计、产品数据交换等。CAD 系统功能模型如图 1-1 所示。

CAM——computer aided manufacturing 通过计算机与生产设备直接或间接的联系,进行产品制造的规划、设计、管理和控制产品的生产制造过程。它有狭义和广义两种定义。狭义

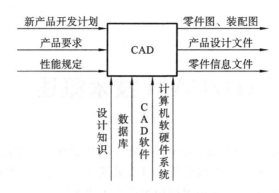

图 1-1　CAD 系统功能模型

CAM:数控编程与数控加工,包括刀具路径规划、刀位文件生成、刀具轨迹仿真及数控代码生成等。广义 CAM:利用计算机来代替人去完成制造以及与制造系统有关的工作,除数控外还包括计算机辅助工艺过程设计、制造过程仿真(MPS)、自动化装配、车间生产计划、制造过程检测、故障检测、产品装配等。通常认为,CAM 可以定义为能通过直接或间接的与工厂生产资源接口的计算机来完成制造系统的计划、操作工序控制和管理工作的计算机系统。

机械 CAD/CAM 指的是以计算机作为主要技术手段,处理各种数字信息与图形信息,辅助完成产品设计和制造中的各项活动。从计算机科学的角度看,设计与制造的过程是一个关于产品的信息产生、处理、交换和管理的过程。人们利用计算机作为主要技术手段,对产品从构思到投放市场的整个过程中的信息进行分析和处理,生成和运用各种数字信息和图形信息,进行产品的设计与制造。CAD/CAM 技术不是传统设计、制造流程方法的简单映像,也不是局限于个别步骤或环节中部分地使用计算机作为工具,而是将计算机科学与工程领域的专业技术以及人的智慧和经验以现代的科学方法为指导结合起来,在设计、制造的全过程中各尽所长,尽可能地利用计算机系统来完成那些重复性高、劳动量大、计算复杂以及单纯靠人工难以完成的工作,辅助而非代替工程技术人员完成整个过程,以获得最佳效果。CAD/CAM 系统以计算机硬件、软件为支持环境,通过各个功能模块(分系统)实现对产品的描述、计算、分析、优化、绘图、工艺规程设计、仿真以及 NC 加工。而广义 CAD/CAM 集成系统还应包括生产规划、管理、质量控制等方面。

20 世纪 50 年代,美国麻省理工学院(MIT)首次成功研制出了数控机床,通过数控程序可对零件进行加工。后来,MIT 又成功研制出了名为"旋风"的计算机,该计算机采用阴极射线管(CRT)作为图形终端,加之后来研制成功的光笔,为交互式计算机图形学奠定了基础,也为 CAD/CAM 技术的出现和发展铺平了道路。在计算机图形终端上直接描述零件,标志着 CAD 的开始。MIT 用计算机制作数控纸带,实现 NC 编程的自动化,标志着 CAM 的开始。整个 20 世纪 50 年代,CAD/CAM 技术都处在酝酿、准备的发展初期。

1962 年,美国麻省理工学院的研究生 I. E. Sutherland 发表了《人机对话图形通信系统》的论文,首次提出了计算机图形学、交互式技术等理论和概念,并研制出 Sketchpad 系统,第一次实现了人机交互的设计方法,使用户可以在屏幕上进行图形的设计与修改,从而为交互式计算机图形学理论及 CAD 技术奠定了基础。此后,随着交互式计算机图形显示技术和 CAD/CAM 技术的迅速发展,美国许多大公司都认识到了这一技术的先进性和重要性,看到了它的应用前景,纷纷投以巨资,研制和开发了一些早期的 CAD 系统。例如,IBM 公司开发出具有绘图、数控编程和强度分析等功能的基于大型计算机的 SLT/MST 系统;1964 年,美国通用汽车公司研制了用于汽车设计的 DAC-1 系统;1965 年,美国洛克希德飞机公司推出了 CAD/CAM 系统;贝尔电话公司推出了GRAPHIC-1系统等。在制造领域,1962年,在数控技术的基础上研制成功了世界上第一台机器人,实现了物料搬运自动化;1966年,出现了用大型通用计算机直接控制多台数控机床的DNC系统,初步形成了CAD/CAM产业。

20世纪70年代,交互式计算机图形学及计算机绘图技术日趋成熟,并得到了广泛的应用。随着计算机硬件的发展,以小型机、超小型机为主机的通用CAD系统,以及针对某些特定问题的专用CAD系统开始进入市场。这些CAD系统大多以16位的小型机为主机,配置图形输入/输出设备,如绘图机等其他外围设备,与相应的应用软件进行配套,形成了所谓的交钥匙系统(turnkey system)。在此期间,三维几何造型软件也发展起来了,出现了一些面向中小企业的CAD/CAM商品软件系统。在制造方面,美国辛辛那提公司研制了一条柔性制造系统,将CAD/CAM技术推向了一个新阶段。受到计算机硬件的限制,该技术中的软件只是二维绘图系统及三维线框系统,所能解决的问题也只是一些比较简单的问题。

20世纪80年代,CAD/CAM技术及应用系统得到了迅速的发展,促进这一发展的因素有很多,主要是计算机硬件性能的大幅度提高,32位字长的工作站及计算机的性能已达到甚至超过了过去的小型机及中型机;计算机外围设备(如彩色高分辨率的图形显示器、大型数字化仪、大型自动绘图机、彩色打印机等)性能大幅度提高,而且品种繁多,已经形成了系列产品;计算机网络技术得到广泛应用,为将CAD/CAM技术推向更高水平提供了必要的条件。此外,企业界已普遍认识到CAD/CAM技术对企业的生产和发展具有巨大促进作用,在CAD/CAM软件功能方面也对销售商提出了更高的要求,需要将数据库、有限元分析优化及网络技术应用于CAD/CAM系统中,使CAD/CAM不仅能够绘制工程图,而且能够进行三维造型、自由曲面设计、有限元分析、机构及机器人分析与仿真、注塑模设计制造等各种工程应用。与此同时,还出现和发展了与产品设计制造过程相关的计算机辅助技术,如计算机辅助工艺过程设计、计算机辅助质量控制(CAQ)等。

20世纪80年代后期,在各种计算机辅助技术的基础上,人们为了解决"信息孤岛"问题,开始强调信息集成,出现了计算机集成制造系统,将CAD/CAM技术推向了一个更高的层次。

20世纪90年代,CAD/CAM技术已走出了它的初级阶段,进一步向标准化、集成化、智能化及自动化方向发展。为了实现系统集成,更加强调信息集成和资源共享,强调产品生产与组织管理的自动化,从而出现了数据标准和数据交换问题,随之出现了产品数据管理(PDM)软件系统。在这个时期,国外许多CAD/CAM软件系统更趋于成熟,商品化程度大幅度提高,如美国洛克希德飞机公司研制的CAD/CAM系统、法国Dassault公司研制开发的CATIA系统、法国Mhtra Datuviston公司开发的EUCLro系统、美国SDRC公司开发的I-DEAS系统、美国PTC公司推出的Pro/E系统等。这些系统大都运行在IBM、DEC、Sun、SGI等大中型机及工作站上。

进入21世纪,CAD/CAM技术更加注重其在工程中的实际运用,把系统集成的焦点集中在新的设计与制造理念上,如基于知识工程的CAD/CAM技术、面向制造与装配的CAD/CAM技术等,使得CAD/CAM技术更贴近工程实际和工程技术人员的需要。同时,CAD/CAM技术一方面与CAE/CAPP更紧密地集成,另一方面向逆向工程、快速成型等技术延伸,使得CAD/CAM技术在机械行业中的地位日趋巩固。

2. CAD的发展

CAD技术的发展和形成至今有50多年的历史,自20世纪60年代在美国诞生了第一个计算机绘图系统,开始出现具有简单绘图输出功能的被动式的计算机辅助设计技术,即CAD技术。到目前,CAD 的发展经历了四次技术革命。

第一次 CAD 技术革命——曲面造型系统。在 20 世纪 60 年代出现的三维 CAD 系统只是极为简单的线框式系统。它只能表达基本的几何信息,不能有效表达几何数据间的拓扑关系。进入 20 世纪 70 年代,只能采用多截面视图、特征纬线的方式来近似表达所涉及的自由曲面。随着计算机的发展,当三维曲面造型系统出现时,标志着计算机辅助设计技术从单纯模仿工程图纸的三视图模式中解放出来,首次实现以计算机完整描述产品零件的主要信息,促使了第一次 CAD 技术革命的发生。

第二次 CAD 技术革命——实体造型技术。从 20 世纪 70 年代末到 20 世纪 80 年代初,随着计算机技术的前进,同时在 CAD 技术方面也进行了许多开拓,1979 年世界上出现了第一个完全基于实体造型技术的大型 CAD 软件——I-DEAS。由于实体造型技术能够精确表达零件的全部属性,在理论上有助于 CAD 的模型表达,给设计带来了惊人的方便性。它代表着未来 CAD 技术的发展方向。

第三次 CAD 技术革命——参数化技术。随着实体造型技术逐渐普及,CAD 技术的研究又有了重大进展。在 20 世纪 80 年代中期,人们提出了参数化实体造型的方法。进入 20 世纪 90 年代,参数化技术变得比较成熟起来,充分体现出其在许多通用件、零部件设计上存在的简便易行的优势。

第四次 CAD 技术革命——变量化技术。计算机技术的不断成熟使得现在的 CAD 技术和系统都具有良好的开放性,图形接口、图形功能日趋标准化。在 CAD 系统中,综合应用正文、图形、图像、语言等多媒体技术和人工智能、专家系统等技术大大提高了自动化设计的程度,出现了智能 CAD 新学科。智能 CAD 把工程数据库及其管理系统、知识库及其专家系统、拟人化用户接口管理系统集于一体。在 CAD 发展历史中可以看到其技术一直处于不断的发展与探索之中,促使了 CAD 技术的繁荣。

目前,CAD 技术仍在不断发展,未来的 CAD 技术将为产品设计提供一个综合性的环境支持系统。它能全面支持异地的、数字化的设计,可采用不同的设计哲理与方法来工作。

3. CAM 的发展

虽然从实际生产角度来看 CAD 是整个生产过程的第一步,但是在探究 CAD/CAM 发展时无疑应该从 CAM 技术开始,因为 CAD/CAM 的发展历史正是从 CAM 开始的。

CAM 技术从产生发展到现在,无论是在硬件平台,还是在系统结构上,CAM 在其功能和特点上都发生了较大的变化。从 CAM 的发展历程看,CAM 在其基本处理方式与目标对象上可分为两个主要发展阶段。

第一阶段的 CAM:APT。20 世纪 60 年代 CAM 以大型机为主,在专业系统上开发编程机(如 FANUC、Siemens 编程机)及部分编程软件,系统结构为专机形式,基本的处理方式是以人工或计算机辅助式直接计算数控刀路为主,而编程目标与对象也都直接是数控刀路。因此,其缺点是功能相对比较差,而且操作困难,只能专机专用。

第二阶段的 CAM:曲面 CAM 系统。在第一阶段缺陷的基础上,人们又不断完善,创造出了曲面 CAM 系统。系统结构一般是 CAD/CAM 混合系统,较好地利用了 CAD 模型,以几何信息作为最终的结果,自动生成加工刀路。在此基础上,自动化、智能化程度取得了较大幅度的提高,具有代表性的是 UG、DUCT、Cimatron、MasterCAM 等。其基本特点是面向局部曲面的加工方式,表现为编程的难易程度与零件的复杂程度直接相关,而与产品的工艺特征、工艺复杂程度等没有直接的关系。

科技不断发展,因此 CAM 技术也是一个不断发展的过程。随着 CAM 技术的提高,其自动化、智能化水平也不断提高。由于第二阶段的 CAM 存在一定的缺陷性,人们正在酝酿最新一代的 CAM,可以认为是第三阶段的 CAM:不仅可继承并智能化判断工艺特征,而且具有模型对比、残余模型分析与判断功能,使刀具路径更优化,效率更高。同时面向整体模型的形式也具有对工件包括夹具的防过切、防碰撞修理功能,提高操作的安全性,更符合高速加工的工艺要求,并开放工艺相关联的工艺库、知识库、材料库和刀具库,使工艺知识积累、学习、运用成为可能。

◀ 1.2　机械 CAD/CAM 系统的作用与组成 ▶

1. 系统的作用

CAD/CAM 系统需要对产品设计、制造全过程的信息进行处理,包括设计、制造中的任务的规划、方案的设计、结构设计、数值计算、设计分析、绘图、工程数据库的管理、工艺设计、加工仿真以及生产加工制造等各个方面。因此,CAD/CAM 系统可完成的任务可分为以下几个主要方面。

1) 零件造型

CAD/CAM 系统能够进行实体造型和曲面造型,且具有定义和生成基本体素(如立方体、圆柱体、球体、锥体、环状体等)的能力,设计人员在其支持下可以根据自己的设想将零件从计算机中逐步"制作"出来,这就是所谓的零件造型。零件造型能够描述基本几何实体(如大小)及实体间的关系(如几何信息),能够进行图形、图像的技术处理(如着色、渲染等)。零件造型是 CAD/CAM 系统的核心,它为产品的设计、制造提供基本数据和原始信息。

2) 计算分析

CAD/CAM 系统能根据三维模型计算相应物体的几何体征(如体积、表面积、质量、重心位置、转动惯量等)和物理特征(如应力、温度、位移等)。如图形处理中变换矩阵的运算,几何造型中体素之间的交、并、差运算,工艺规程设计中工序尺寸、工艺参数的计算,结构分析中应力、温度、位移等物理量的计算等,为系统进行工程分析和数值计算提供必要的基本参数。因此,不仅要求 CAD/CAM 系统对各类计算分析的算法正确、全面,而且数据计算量大,要有较高的计算精度。

3) 工程绘图

工程绘图是 CAD 系统的重要环节,是产品最终结果的表达方式。CAD/CAM 系统有处理二维图形的能力,包括基本图元的生成、标注尺寸、图形编辑(比例变换、平移、复制、删除等)以及显示控制、附加技术条件等功能,保证生成符合生产实际要求也符合国家标准的工程图。

除此之外,系统还应具备从几何造型的三维图形直接向二维图形转换的功能。根据三维零件图和装配图造型自动生成三视图、投影图、辅助图、剖面图和局部视图,并能自动标注尺寸。工程图与零件造型密切相关。

4) 结构分析

CAD/CAM 系统中结构分析常用的方法是有限元法。这是一种数值近似解的方法,用来解决结构形状比较复杂的零件的静态、动态特性计算,强度、振动、热变形、磁场、温度场强度、应力分布状态等计算分析。在机械设计中,尤其是复杂机构的设计,结构分析非常重要,它直接关系到一个机械产品是否能够满足用户的要求,是否能够保证其生产使用寿命,是否能够保证用户安全使用而不出事故。因此,结构分析非常重要。

5)优化设计

CAD/CAM 系统应具有优化求解的功能,也就是在某些条件的限制下,使产品或工程设计中的预定指标达到最优。优化设计包括总体方案的优化、产品零件结构的优化、工艺参数的优化等。优化设计是现代设计方法学中的一个重要的组成部分,也是 CAD/CAM 系统的一个主要任务。

6)计算机辅助工艺过程设计

设计的目的是加工制造,而工艺设计是为产品的加工制造提供指导性的文件。因此 CAPP 是 CAD 与 CAM 的中间环节。CAPP 系统应根据建模后生成的产品信息及制造要求,人机交互或自动决策加工该产品所采用的加工方法、加工步骤、加工设备及加工参数。CAPP 的设计结果一方面能被生产实际应用,生成工艺卡片文件,另一方面能直接输出信息,为 CAM 中的 NC 自动编程系统接收、识别,直接转换为刀位文件。CAPP 的功能模型如图 1-2 所示。

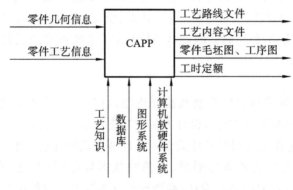

图 1-2 CAPP 功能模块

7)计算机辅助 NC 自动编程

在分析零件图和制定出零件的数控加工方案之后,采用专门的数控加工语言(如 APT 语言)对加工路径、加工参数、刀具参数等进行描述,然后,计算机对数控程序进行分析处理并生成 NC 代码,最后输入数控系统控制加工。

8)模拟仿真

能进行加工轨迹仿真、机构运动学仿真、运动轨迹干涉检查以及工件、机床、刀具、夹具的碰撞、干涉检验等,以便预测产品的性能,模拟产品的制造过程和可制造性,避免损坏,减少制造投资。

9)工程数据管理、信息传输与交换

由于 CAD/CAM 系统中数据量大、种类繁多,又不是孤立的系统,因此 CAD/CAM 系统能提供有效的管理手段,支持工程设计与制造全过程的信息传输与交换。随着并行作业方式的推广应用,还存在着几个设计者或工作小组之间的信息交换问题,因此,CAD/CAM 系统具备良好的信息传输管理功能和信息交换功能。目前,CAD/CAM 系统中多采用 PDM(product data management)系统或工程数据库系统作为统一的数据管理环境,实现各种工程数据的管理。

10)特征造型

传统的几何造型仅从几何的角度定义零件的形状。它只有零件的几何尺寸,没有加工、制造、管理需要的信息,因而给计算机辅助制造带来不便。

特征造型技术是几何造型技术的自然延伸,它是从工程的角度,对形体的各个组成部分及其特征进行定义,使所描述的形体信息更具有工程意义。通过特征造型,可定义零件的形状特征(具有一定工程意义的形状)、精度特征(尺寸公差、表面精度等)、材料特征和其他工艺特征(材料类型、材料性能、表面处理、工艺要求等),从而为有关设计和制造过程的各个环节提供充分的信息。特征造型是 CAD/CAM 技术发展的一个里程碑。

2. 系统的组成

1) 系统运行硬件环境

CAD/CAM 硬件系统主要包括主机、外存储器、输入输出设备及其他通信接口,实现对 CAD/CAM 软件系统的产品设计、三维建模、数控加工程序编制以及输入与输出等的支持。

(1) 主机。

主机是主处理计算机。它是 CAD/CAM 系统的中心。目前,主机一般采用小型机或超级小型机、超级微机及个人微机三个档次。选用何种机型,要视产品的生产规模、复杂程度、设计工作量大小等情况而定。

①小型机或超级小型机系统——这种系统采用小型机或超级小型机为主机,利用分时处理原理,一台主机带几个至几十个图形终端的 CAD/CAM 系统。它的优点是资源共享较多;缺点是投资大,主机坏了则整个系统就处于瘫痪状态。一般使用于大、中型设计部分。这类系统在 20 世纪 70 年代末和 20 世纪 80 年代初发展较快,现在市场占有量不断减少。生产这类产品的公司主要有 DEC、HP、CV、DG、IBM 等公司。

②以超级微机组成的工程工作站——这是一种介于个人微机和超级小型机之间的系统,它的基础是高性能超级微机。由于采用了分布式超级微机网络,它的总体性能达到超级小型机 CAD/CAM 系统,但它的价格却比后者低得多。同时,它为工程人员提供一种网络环境,使工程技术人员能高效、方便地从事工程设计和计算、程序编制、文件书写、交互绘图、信息存放、合作通信、资源共享等。

工程工作站中精简指令集计算机(RISC)将成为主流体系。专用图形工作站采用多处理结构,即采用多个 CPU 并行工作,系统日趋开放,使它成为未来 CAD/CAM 系统的主流,市场占有率不断上升。它也是我国许多企业的主要选择方案。它的主要厂商有 Sun 公司、DEC 公司、SGI 公司及 IBM 公司。国产工程工作站起步不久,主要有华胜公司 4075 系列和华奇公司 IN-DIGO 两大系列工程工作站。

③个人微机系统——由于个人微机发展异常迅速,目前采用个人微机进行 CAD/CAM 不仅成为可能,而且发展较快,很有潜力。这套系统一般采用高档个人微机,配置 20 in 高分辨率 (1280×1024)图形显示器、鼠标器、打印机、绘图机等,组成一个微机 CAD/CAM 工作站,并采用局域网络将多台微机连接起来,以实现部分硬、软件资源共享。

值得一提的是个人微机功能尚有限,用个人微机进行 CAD/CAM 仅适用于产品结构比较简单且产品系列化、通用化和标准化程度较高的企业。通过联网,使个人微机与超级微机工程工作站等相连,使之成为一个整体,针对具体工作环境形成高、中、低档的优化组合,这样才能充分发挥各类系统的作用。

(2) 外存储器。

由于 CAD/CAM 要处理的信息量特别多,因此大容量外存储器显得特别重要。主机要处理的大量信息,如各种软件、图形库和数据库等都存放于外存储器,通过主机调入内存接受 CPU 处理。目前,外存储器主要有磁盘、软磁盘、磁带机、光盘、磁光盘以及最新推出的 DVD 光盘。光盘、DVD 光盘以其容量大、保存时间长等特点将在 CAD/CAM 中发挥独特的作用。

（3）输入输出设备。

CAD/CAM 系统以它独有的特点要求输入输出设备精度高、速度快。输入设备有数字化仪、图形输入板、图形扫描输入仪及键盘等；输出设备有绘图仪、打印机、笔绘仪、硬拷贝机等。光学图形扫描输入仪有取代数字化仪的趋势，因为光学图形扫描输入仪精度高、速度快，扫描的图形可进行矢量化后再作编辑处理。此外，图形显示器（CAD/CAM 系统一般采用 20 in、分辨率为 1024×768 或 1280×1024 的图形显示器）、通信接口及生产装置（如数控机床、自动检测装置等）也是 CAD/CAM 系统重要的硬件设备。

（4）网络通信能力。

为达到系统集成，使位于不同地点和不同生产阶段的各部门之间能够进行高速的信息交换与协同工作，需要计算机网络将其连接，形成网络化的 CAD/CAM 系统。

CAD/CAM 系统网络的硬件设备主要包括网络适配器、传输介质以及调制解调器等。

2）系统运行软件环境

系统软件主要负责管理硬件资源以及各种软件资源，是应用和开发 CAD/CAM 系统的软件平台，主要包括操作系统、网络系统等。目前，在微机上流行的操作系统有 Windows、Linux 等，工作站上流行 UNIX 系统，苹果机上运行 Mac 操作系统等。

3）系统软件分类

CAD/CAM 软件功能主要包括二维绘图、三维绘图、分析及优化、数控编程及加工控制等。目前市场流行的 CAD/CAM 软件主要有如下一些。

（1）Unigraphics（简称 UG）——UG 是美国 EDS（Electronic Data Systems）公司的产品。该公司汇集了美国航空航天、汽车工业的丰富设计经验，开发出了当今世界一流的集成化 CAD/CAM 系统。目前，在我国占有较大的市场份额。

（2）Pro/ENGINEER（简称 Pro/E）——Pro/E 是美国 PTC 公司开发的机械设计自动化软件，也是最早实现参数化、特征化的软件，在全球拥有广泛的影响，在我国也是使用最为广泛和最受市场欢迎的 CAD/CAM 软件之一。

（3）MasterCAM——MasterCAM 是美国 CNC Software 公司开发的集设计和制造、数控机床自动编程于一体的 CAD/CAM 软件。它是目前世界上，也是在我国应用最为广泛的 CAD/CAM 软件之一。

（4）CAXA 系列软件——CAXA 系列软件是我国华正软件工程研究所开发的 CAD/CAM 软件。它包括 CAXA 电子图板、CAXA 制造工程师、CAXA 线切割、CAXA 数控车等模块式软件，在国内外占有一定的市场份额。

CAD/CAM 软件还有 SolidWorks、Solid Edge、I-DEAS、MDT、CATIA、PowerMILL、Cimatron 等。它们都各有特长，占有一定的市场份额。

1.3 机械 CAD/CAM 系统工作流程

CAD/CAM 系统是设计、制造过程中的信息处理系统，它充分利用了计算机高效准确的计算功能、图形处理功能以及复杂工程数据的存储、传递、加工功能，在运行过程中，结合人的经验、知识及创造性，形成一个人机交互、各尽所长、紧密配合的系统。CAD/CAM 系统输入的是设计要求，输出的是制造加工信息。一个较为完整的 CAD/CAM 系统的工作过程如图 1-3 所示，它包括以下几个方面。

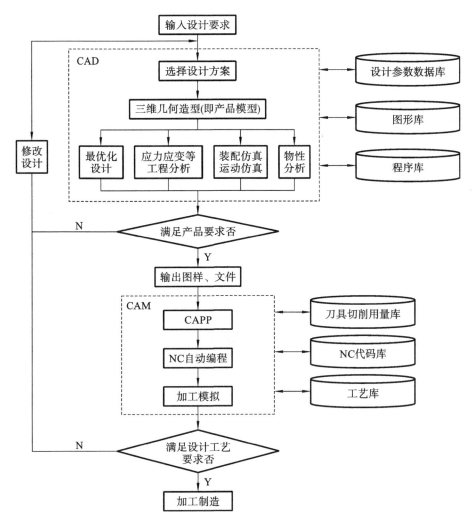

图 1-3　CAD/CAM 系统的工作过程

（1）通过市场需求调查以及用户对产品性能的要求，向 CAD 系统输入设计要求。在 CAD 系统中首先进行设计方案的分析和选择，然后利用几何建模功能构造出产品的几何模型，计算机将此模型转换为内部的数据信息，存储在系统的数据库中。

（2）调用 CAD/CAM 系统程序库中的各种应用程序对产品模型进行详细设计计算及结构方案优化分析，以确定产品总体设计方案、零部件的结构及主要参数，同时调用 CAD/CAM 系统中的图形库，将设计的初步结果以图形的方式输出在显示器上。

（3）通过计算机辅助工程分析计算功能对产品进行性能预测、结构分析、工程计算、运动仿真和装配仿真，即通过计算机数值分析求解速度快、效率高的优势，对设计产品的结构和性能指标进行必要的工程分析、计算和仿真。

（4）根据计算机显示的结果，设计人员对设计的初步结果作出判断，如果不满意，可以通过人机交互的方式进行修改，直至满意为止。修改后的产品设计模型仍存储在 CAD/CAM 系统的数据库中，并可通过绘图机输出设计图和有关文档。

（5）CAD/CAM 系统从产品数据库中提取产品的设计制造信息，在分析其零件几何形状特点及有关技术要求后，对产品进行工艺规程设计，设计的结果存入系统的数据库，同时在屏幕上显示输出。

（6）工艺设计人员可以对工艺规程设计的结果进行分析、判断，并允许以人机交互的方式进行修改。最终的结果可以是生产中需要的工艺卡片或以数据接口文件的形式存入数据库，以供后续模块读取。

（7）在打印机上输出工艺卡片，成为车间生产加工的指导性文件。NC 自动编程子系统从数据库中读取零件几何信息和加工工艺规程，生成 NC 加工程序。

（8）有些 CAD/CAM 系统在生成了 NC 加工程序之后，可对其进行加工仿真、模拟，验证其是否合理、可行。同时，可以进行刀具、夹具、工件之间的干涉、碰撞检验。

（9）在普通机床、数控机床上按照工艺规程和 NC 加工程序加工制造出有关产品。

由上述过程可以看出，从初始的设计要求、产品设计的中间结果，到最终的加工指令，都是信息不断产生、修改、交换、存取的过程，在该过程中，设计人员仍起着非常重要的作用。一个优良的 CAD/CAM 系统应能保证不同部分的技术人员能相互交流和共享产品的设计及制造信息，并能随时观察、修改设计，实施编辑处理，直到获得最佳结果。

根据应用要求的不同，实际的 CAD/CAM 系统可支持上述全部过程，也可仅支持部分过程。

◀ 1.4 机械 CAD/CAM 技术应用现状及发展趋势 ▶

1. 机械 CAD/CAM 技术应用现状

从 20 世纪 60 年代初第一个 CAD 系统问世以来，经过 50 多年的发展，CAD/CAM 系统在技术和应用上已日趋成熟，尤其从 20 世纪 80 年代开始，硬件技术的飞速发展使软件在系统中的地位越来越重要。目前市场上 CAD/CAM 软件有很多种，其中 AutoCAD、SolidWorks、UG、Pro/E、CATIA 和 Inventor 应用比较广泛。随着 CAD/CAM 技术的日趋成熟，其应用将随着计算机技术的高速发展而迅速普及。在工业发达的资本主义国家，CAD/CAM 技术的应用已迅速从最初的军事工业向民用工业扩展，由大型企业向中小企业推广，由高技术领域的应用向日用家电、轻工产品的设计和制造普及。

我国从 20 世纪 60 年代开始引进 CAD/CAM 技术，20 世纪 70 年代才开始应用，但是受计算机发展水平的限制，起初该技术仅仅被用来做产品设计时的分析计算，到 20 世纪 90 年代，我国开始自主开发 CAD/CAM 软件，并且得到了快速的发展。20 多年间，我国的 CAD/CAM 技术就取得了可喜的成就，市场上出现了越来越多的拥有自主知识产权的 CAD/CAM 软件，如中科院凯思软件集团的 PICAD 系统及系列软件、清华大学的高华 CAD、北京航空航天大学的 CAXA 系列和华中科技大学的 CAD 等。但总体上我国 CAD/CAM 技术的研究应用与发达国家相比还有较大差距，主要表现在：CAD/CAM 应用集成度低，很多企业的应用仍停留在绘图、NC 编程等单项技术的应用；CAD/CAM 系统的软、硬件均依靠进口，拥有自主版权的较少；缺少设备和技术力量，二次开发能力弱，其引进的先进软件功能得不到充分发挥。

在当前日益激烈的市场竞争环境下，用户对产品精益求精的追求对制造企业提出了更高的要求。CAD/CAM 的技术发展必须始终与工程实际相结合，使其在发展过程中产生巨大的经济效益和社会效益，其在我国的应用必将对制造企业产生深远的影响，对提高我国制造企业核心竞争力起到举足轻重的作用。因此，我们应结合实际国情，积极主动开展 CAD/CAM 技术的研究与推广工作。

2. 机械 CAD/CAM 技术发展趋势

随着计算机、外围设备、计算机图形学、数据库等技术的发展,计算机辅助设计技术得到空前提高,使得 CAD/CAM 技术发展的主要趋势进一步向集成化、并行化、智能化、虚拟化、网络化和标准化等方向迈进,主要体现在以下几个方面。

1) 虚拟产品开发

虚拟产品开发(virtual product development,VPD)是指在不实际生产产品实物的情况下,利用计算机模拟仿真产品生命周期全过程,即在虚拟状态下构思、设计、制造、测试和分析产品,以有效避免在实际生产过程中会出现的问题,提高产品在时间、质量、成本、服务和环境等多目标中的决策水平,达到缩短产品开发周期和一次性开发成功的目的。

实施 VPD 技术的技术人员完全在计算机上建立产品模型,对模型进行分析,然后改进产品设计方案,用数字模型代替原来的实物原型,进行分析、试验、改进原有的设计。现在 VPD 技术已在汽车、航天、机车、医疗用品等诸多领域成功地应用,对传统的工业生产结构产生了巨大的冲击。如采用 VPD 技术后,汽车工业中新车型开发的时间可由 36 个月缩短到 24 个月以内,缩短了开发周期,节约了成本,使企业的竞争力显著增强。

实施 VPD 技术还可以通过网络通信,将从事产品设计、分析、制造、仿真和支持等技术人员组建成"虚拟"的产品开发小组,并将其与工程师分析专家、供应厂商以及客户连成一体,实现异地合作开发。

企业通过 VPD 这种新技术把握住产品开发过程,这样的企业就能对客户的需求变化做出快速灵活的反应,并且完全按照规定的时间、成本和质量要求快速地将产品推向市场。

2) 智能化 CAD/CAM 系统

随着 CAD/CAM 技术的发展,除了集成化之外,将人工智能技术、专家系统应用于 CAD/CAM 系统中,就形成智能的 CAD/CAM 系统。其最大的特点就是不仅具有海量的知识储备,而且具有专家的经验,相当于赋予其智能化的视觉、听觉、语言能力,使其在工作中能够通过推理、联想和判断去解决那些以前必须由人类专家才能解决的概念设计问题,并且同时不断学习、增长经验。这是一个具有重大意义的发展方向,它可以在更高的创造性思维活动层次下,给予设计人员有效的辅助。

3) 并行工程

并行工程是对产品及其相关过程(包括制造和支持过程)进行集成的并行设计的系统化工作模式。这种模式力图使产品开发人员从设计一开始就考虑到产品生命周期(从概念形成到报废)中的各种因素,包括质量、成本、进度及用户需求。基于并行工程原理的面向产品生命周期的并行产品设计,不能简单地理解为时间上的并发,并行工程的核心是基于分布式并行处理的协同求解,以及服务产品整个生命周期各进程活动的产品设计结果的评价体系和方法,在两者支持下,面向产品整个生命周期寻求全局最优决策。

4) 网络化设计与制造

网络化制造作为一种全新的制造模式,以数字化、柔性化、敏捷化为基本特征,表现为结构上的快重组、性能上的快响应、过程中的并行性与分布式决策。其优势在于:由金字塔式的多层次管理结构向扁平式的网络管理结构转变,减少层次和中间环节,加快信息的传递速度;并行工作方式将逐渐替代系统的顺序方式,缩短工作周期,提高工作效率;企业将向规模小型化和组织分子化方向发展,即在大型企业中,企业内部的单元对市场需求信息也将拥有快速自主的反应权利和能力;企业可以通过网络组织、虚拟企业等形式建立灵活多样的企业间联盟,实现企业内外资源的灵活有效配置;网络化制造的组成单元由单个企业变成单个具有一定功能的制造网络。最终随着网络的发展,可针对某一特定产品,将分散在不同地区的现有智力资源和生产设备资源迅速组合,建立动态联盟的制造体系,以适应全球化的发展趋势。

思 考 题

1-1　简述 CAD/CAM 的基本概念。

1-2　CAD/CAM 系统的软件和硬件环境各是什么?

1-3　简述我国机械 CAD/CAM 技术的应用现状及发展趋势。

1-4　试举例说明机械 CAD/CAM 系统的工作流程。

1-5　简述 CAD/CAM 技术的主要任务。

第 2 章

机械 CAD 技术概述

CAD 是利用计算机强有力的计算功能和高效率的图形处理能力,辅助进行产品的设计与分析的理论和方法,是综合了计算机科学与工程设计方法的最新发展而形成的一门新兴学科,一般更多地称 CAD 技术。

CAD 技术把产品的物理模型转化为存储在计算机中的数字化模型,从而为后续的工艺、制造、管理等环节提供了共享的信息源。现在 CAD 技术已不仅仅用于自动绘图或三维建模,而且成为一种广义的、综合性的关于设计的新技术,它涉及以下基础技术。

(1) 图形处理技术,如二维交互图形技术、三维几何造型技术及其他图形输入输出技术。

(2) 工程分析技术,如有限元分析、优化设计方法、物理特性计算(如面积、体积、惯性矩等计算)、模拟仿真以及各行各业中的工程分析等。

(3) 数据管理与数据交换技术,如产品数据管理、数据库、异构系统间的数据交换和接口等。

(4) 文档处理技术,如文档制作、编辑及文字处理等。

(5) 界面开发技术,如图形用户界面、网络用户界面、多通道多媒体智能用户界面等。

(6) 基于 Web 的网络应用和开发技术。

◀ 2.1 设计过程分析和设计类型 ▶

所谓设计,是设计者根据生产和生活的需要,通过思维、规则、分析和决策过程,最终把设想变为现实的技术方案。可见,设计是创造性的劳动,设计的本质是创新,设计过程是创造性思维过程,设计的目的就是寻求满足用户需求的最佳方案。

1. 设计过程分析及阶段划分

1) 任务规划阶段

任务规划阶段要进行需求分析、市场预测、可行性分析,根据企业内部的发展目标、现有设备能力及科研成果等,确定设计参数及约束条件,最后明确详细的设计要求,作为设计、评价和决策的依据,制定产品设计任务书。

2) 概念设计阶段

产品设计过程示意图如图 2-1 所示。

3) 结构设计阶段

该阶段要将功能原理方案具化为产品结构草图,以便进一步进行技术、经济分析,修改薄弱环节。这阶段的主要工作包括零部件布局排列、运动副设计、人—机—环的关系以及零部件选材、结构尺寸等,再进行总体优化、计算,确定产品装配草图。

4) 详细设计阶段

详细设计是在上述装配草图的基础上,进行部件、零件的分解设计、优化计算等工作,通过

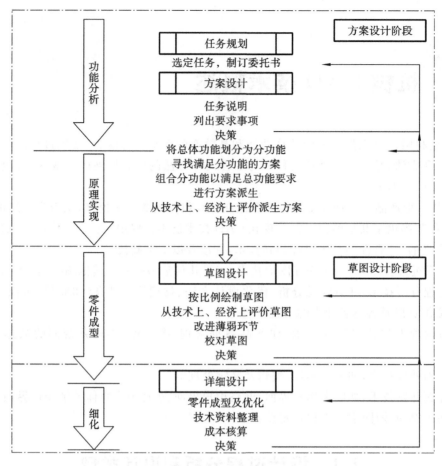

图 2-1 产品设计过程示意图

模型试验检查产品的功能和零部件的性能,并加以改进,完成全部生产图样,进行工艺设计,编制工艺规程文件等有关技术文件。

5)定型生产阶段

通过用户试用、设计定型,进行生产规划,投入生产制造。

设计过程划分阶段和步骤的目的是实现按部就班的设计,以便提供计算机应用的可能性。对于有人提出的"按部就班的设计是否会束缚设计者的创造性呢?"回答是否定的。因为创造性的衡量是看设计的结果如何,而不在于设计过程本身。况且在各个设计阶段都有较多的自由度,尤其是在方案设计阶段,无论是功能的划分还是零部件的组合、选择,都给设计者提供了充分发挥创造的可能性。

目前,各国学者都在研究设计过程的更细的程式化和更全面的算法化,这是在 CAD 技术的影响下,设计方法学必然的发展趋势。

2. 设计类型

主设计类型的确定是涉及设计工作从设计过程中的哪一个阶段开始的问题,同时涉及计算机应用的可能性及应用的深度问题。根据上述阶段划分、步骤划分的理论,可以用一系列的设计变量来描述设计过程,即用功能结构网、结构零部件的选择和排列、形状和尺寸的确定及公差的确定来描述。相对于上述各设计变量,可称相应的设计为功能设计、布局设计、参数设计及公差设计等。

功能结构网是由若干个分功能相互连接构成,用以表达和定义总功能的关系图。例如:一个测力仪的工作原理可认为是通过变形确定被测力大小,因而它包含三个部分的分功能机构,即力-位移转换器、位移测量及加载体,困难的是找出功能和结构之间一一对应的关系。零部件是具有相应功能的技术实体部分,它可按功能和技术的观点任意划分和组合。通过排列各零部件在空间的位置就可得到不同的布局形式,因而称为布局设计。

所谓参数设计,是指在考虑不同技术要求(如功能、加工工艺性等)条件下,确定零部件的几何形状及尺寸大小,其中尺寸参数设计是指在不改变形状的条件下确定尺寸的大小。

根据这些设计变量在设计过程中是可变的还是不可变的,可将设计划分为新设计、适应性设计和变量设计三种类型。

1) 新设计

新设计是指没有样板参考的开发性设计。它或是从列出功能结构网出发,或是通过重新排列、组合现有的或新的零部件来达到设计要求。例如,模块化设计的原理就属于后者。新设计要求具有创造性思维,即用创造性方法求解问题。创造性思维是人类智慧最集中的表现。由于创造来源于知识,来源于实践,所以专家系统在这一阶段的作用日益受到重视。

2) 适应性设计

适应性设计的标志是在总体布局保持不变的情况下,通过修改个别零部件的功能和形状以适应质和量方面的某些附加要求。例如:在汽油发动机中,设计汽油喷射装置来代替传统的汽化器,以满足节约燃料的要求。这是设计工作中经常出现的类型。交互型的 CAD/CAM 系统可以满足这类设计的要求。

3) 变量设计

在变量设计中,功能结构网及所有零部件的布局排列都是确定的,改变的仅是零件的形状和尺寸。计算机非常容易辅助这一类型的设计,例如 CAD/CAM 系统中的图形库是利用变量设计原理设计的。有些市场上出售的 CAD/CAM 系统也具有参数化设计模块。

据统计,机械制造中大约 56% 的设计属于适应性设计,24% 为新设计,20% 为变量设计。由于在机床制造业标准化的程度要求较高,所以变量设计的比例约占 49%。

2.2　CAD 技术发展趋势——先进设计技术

目前机械 CAD/CAM 系统在设计过程中的应用情况一方面反映出机械 CAD/CAM 技术发展的现状,另一方面反映出设计过程对机械 CAD/CAM 系统提出的越来越高的要求。随着人工智能技术的发展,先进设计技术在整个设计过程中的应用越来越多。

设计技术涉及数学、物理、化学、机械学、电子学、计算机学、制造工艺学、材料学、认知科学和设计学等多学科领域的基础知识,它是运用已有的知识和技术解决问题或创造新事物以满足社会需要的一种技术活动。根据设计活动中创造性的大小,设计可分为三类:常规设计(routine design)、革新设计(innovative design)和创新设计(creative design)。其中,创新设计的目的是提供有重要社会价值的新颖独特的设计成果。这一类型的设计最富挑战性,也是设计人员追求的最高目标。

先进设计技术是以满足应市产品的质量、性能、时间、成本/价格综合效益最优为目的,以计算机辅助设计技术为主体,以知识为依托,以多种科学方法及技术为手段,研究、改进、创造产品活动过程所用到的技术群体的总称。

先进设计技术的体系包括如下内容。①基础技术。基础技术是指传统的设计理论与方法，特别是运动学、静力学与动力学、结构力学、强度理论、热力学、电磁学、工程数学等的基本原理与方法，它不仅为现代设计技术提供了坚实的理论基础，而且是现代设计技术发展的源泉。②主体技术。现代设计技术的诞生、发展与计算机辅助技术的发展息息相关、相辅相成。③支撑技术。无论是设计对象的描述，还是设计信息的处理、加工、推理与映射及验证，都离不开设计方法学、产品的可信性设计技术及设计试验技术所提供的种种理论与方法及手段的支撑。其中现代设计方法学涉及的内容很广。④应用技术。应用技术是针对实用目的解决各类具体产品设计领域中的问题的技术，如机床、汽车、工程机械、精密机械的现代设计内容，可以看作现代设计技术派生出来的丰富多彩的具体技术群。

先进设计技术是先进制造技术的一个重要组成部分。它是制造技术的第一个环节。据有关资料介绍，产品设计成本约占产品成本的 10%，却决定了产品制造成本的 70%～80%，所以设计技术在制造技术中的作用和地位是举足轻重的。在当前激烈的市场竞争中，除了确保产品的功能、质量，还要有创新意识和快速的响应。在 21 世纪，先进设计技术将经历前所未有的变化。

（1）社会需求的多样化和快速性，反映了人们对产品的需求不仅是物质功能需求，而且附加了非物质需求，如文化、艺术、营销方式等方面。

（2）现代化的通信网络将世界连接成整体，经济的全球化使世界变成了一个统一的市场。

（3）对生态环境方面的关注及可持续发展的理念，使人们在生产过程和消费过程中更加注意生态和环境的相容性和友善性。同时，人们对劳动环境、劳动内容和自身主动地位的要求也在不断提高。

（4）现代科技的迅猛发展，多学科相互交叉、贯通，尤其是微电子、新材料和集成技术的进展，使产品结构发生了革命性的变化，机电一体化、模块化等已成为工程产品的发展趋势。

（5）计算机技术的飞速发展和广泛应用，深刻地影响着产品形成的整个过程，如设计开发过程、制造过程、营销及售后服务过程，同时改变、优化了产品的结构，提高了产品的性能。

这些变化深刻地影响着设计技术的发展。设计作为人们运用科技知识和方法，有目标地创造工程产品的构思和计划过程，几乎涉及人类活动的全部领域：从通信工具、计算机及电子产品到软件设计，从生产工具到生活资料，从服装、食品到工艺设备，从运载工具到武器装备，从化学产品、药品到医疗仪器，从公共工程设施到家庭用品等。设计的费用往往只占最终产品成本的一小部分，然而它恰恰对产品的先进性和竞争能力起到决定性的作用。

思 考 题

2-1 设计过程分为哪几个阶段？每个阶段的主要任务是什么？

2-2 设计有哪几种类型？每种类型的特点是什么？

2-3 先进设计技术分为哪几大类？包括哪些范围？

2-4 与先进设计技术相关的学科技术有哪些？为什么说先进设计技术是先进制造技术的一个重要组成部分？

2-5 试举例说明 CAD 技术发展的趋势是先进设计技术。

第3章

图形处理基础

图形处理是计算机辅助设计与制造(CAD/CAM)中的关键技术。图形处理技术是CAD/CAM中几何信息处理的基础和重要组成部分,也是促进CAD/CAM技术发展和应用的有效手段和工具,在CAD/CAM技术中发挥着重要的作用。因此,要求学习者了解和掌握计算机图形处理技术的一些基础知识和相关的基本概念与术语,包括图形生成、变换、显示等技术。其中图形变换包括二维、三维图形的基本变换、组合变换和投影变换等。本章将主要讨论图形处理的基本方法。

◀ 3.1　图形处理概述 ▶

1. 计算机图形学的定义

计算机图形学(computer graphics,CG)是利用计算机处理图形信息的一门学科,包括图形信息的表示、输入输出与显示、图形的几何变换、图形之间的运算以及人机交互绘图等方面的技术。美国电气和电子工程师协会(IEEE)把它定义为借助计算机产生图形图像的艺术和科学。德国专家 Wolfgang K.Giloi 把它定义为"数据结构+图形算法+语言"。

2. 计算机图形学发展概述

计算机图形学的发展始于20世纪50年代,先后经历了准备、发展、推广应用和系统实用化四个阶段。

我国的计算机图形学的研究工作始于20世纪60年代中后期,虽然起步较晚,然而它的发展却十分迅速。近年来,我国CAD技术的开发和应用取得了长足的发展,除对许多国外软件进行了汉化和二次开发以外,还诞生了不少具有独立版权的CAD系统,如开目CAD、PICAD、CAXA等。我国学者的论文从20世纪80年代后期开始进入国际一流的学术会议和重要的学术刊物,如 SIGGRAPH 和 Eurographics 等,标志着我国在这一领域的研究水平已接近或部分达到国际先进水平。但是,我们应当清醒地认识到国内的研究和应用水平与国际上发达国家相比还相差甚远,其主要原因是我国缺乏大量这方面的高水平人才,精通计算机图形学的工程技术人员不够,因而影响了计算机图形学这门学科在我国的推广应用。要使计算机图形学在我国国民经济中发挥应有的作用,培养计算机图形学的研究、设计和应用等多方面的人才是关键。

3. 计算机图形学的研究领域

计算机图形学的研究领域(见图3-1)包括以下几个方面。

(1)图形系统的硬件设备,如图形处理器、图形输入输出设备,特别是图形显示和打印设备。

(2)二维图形中基本图素的生成算法。

(3)图形变换技术,包括二维几何变换、三维几何变换和投影变换等。

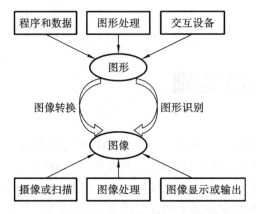

图 3-1　计算机图形学的研究领域

（4）人机交互绘图技术，如窗口技术、橡皮筋技术等。

（5）图形运算和处理技术，如图形的裁剪、填充等。

（6）实体造型技术和真实图形的表示，如消隐技术、色彩技术等。

◀ 3.2　图形学的数学基础 ▶

1. 系统坐标系

在使用计算机辅助设计与制造系统进行各种几何图形绘图时，为了使操作者能十分方便且快捷地在显示屏幕上找到所需点的位置，定量地描述空间物体的几何形状、大小和方位，系统中经常提供了各种数学坐标系。在计算机图形学中主要使用笛卡儿直角坐标系。在三维情况下，直角坐标系分右手坐标系和左手坐标系，如图 3-2 所示。

实际使用时，不同的处理场合总是使用不同的坐标系。下面介绍计算机绘图中需要用到的几种坐标系。

1）世界坐标系

用户在设计绘图以及用图形应用程序描述几何形体时，用来描述形体的二维或三维直角坐标系称为用户坐标系，也称为世界坐标系（world coordinates，WC），是右手三维直角坐标系。它也可以是二维的，如图 3-3 所示。世界坐标系的单位可以是微米（μm）、毫米（mm）、千米（km）、英尺或英寸等，一般均使用实数，取值范围并无限制。

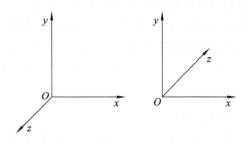

图 3-2　三维直角坐标系

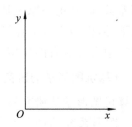

图 3-3　二维右手坐标系

2）设备坐标系

用户设计编绘的工程图样，最终需通过图形输出设备（显示器、绘图仪等）输出并显示在屏幕上或绘制在图纸上。设备坐标系(device coordinates,DC)是与设备的物理参数有关的坐标系,一般是二维坐标系,个别的为三维坐标系。图形的输出在设备坐标系下进行。设备坐标系的取值范围受设备的输入输出精度和有效幅面的限制。该坐标系的单位是像素或绘图笔的步长等(也即设备的分辨率),它们都是整数,且有固定的取值范围。坐标原点在设备的左下角或左上角,接受无符号的整型数据。

3）规范化设备坐标系

规范化设备坐标系(normalized device coordinates,NDC)。工程图样最终通过图形输出设备输出时,要受到输出设备本身物理参数的限制。因此,工程技术人员在编制绘图程序时,必然要考虑输出的图形在图纸或屏幕上的位置与大小,这会给编程人员带来极大的麻烦,同时影响了程序的通用性和可移植性。因此在 WC 和 DC 之间定义了一个和设备无关的规范化设备坐标系。使用这种坐标系是为了使图形支撑软件能摆脱对具体物理设备的依赖性,也是为了能在不同应用和不同系统之间交换图形信息,所以规范化设备坐标系是一种中间坐标系,通常取无量纲的单位长度作为规范化设备坐标系中图形的有效空间,即 x、y 轴的取值范围为(0.0,0.0)到(1.0,1.0)。

用户坐标系、规范化设备坐标系、设备坐标系三者之间的关系如图 3-4 所示。

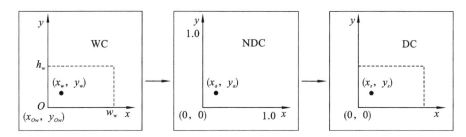

图 3-4　三种坐标系之间的关系

另外,如果按空间来分的话,又分为如下几种坐标。

（1）二维平面坐标:二维平面坐标又称笛卡儿坐标,它主要用于在描述平面几何图形时点位置的确定与一个物体形状的二维平面描述。

（2）极坐标:当我们要绘制一条与已知线段成某一夹角的直线段,且长度有尺寸要求时,常常使用极坐标。

（3）三维立体坐标:在 CAD/CAM 系统中常被称为 3D 立体几何图形,如图 3-5 所示。它的特点是除了具有二维平面坐标系中的两个 x、y 坐标轴以外,还有一个 z 坐标轴。利用三维立体坐标系,不仅可以进行二维图形元素的平面位置描述,而且可以对一个点或几何图形元素进行空间位置的描述。

在 CAD/CAM 系统中的三维立体坐标主要是用来生成各种立体图形,其中包括各方向的轴测图形。

（4）球坐标:球坐标又称为矢量坐标,使用球坐标时,需要输入两个角度值和半径值,如图 3-6所示。

2. 齐次坐标

所谓齐次坐标表示法就是用 $n+1$ 维向量表示 n 维向量。n 维空间中点的位置向量具有 n 个坐标分量 $(P_1,P_2,\cdots,P_n)$,且是唯一的。若用齐次坐标表示时,此向量有 $n+1$ 个坐标分量 $(hP_1,hP_2,\cdots,hP_n,h)$,且不唯一。普通的坐标与齐次坐标的关系为一对多。例如:二维点

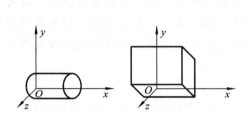

图 3-5　三维立体坐标

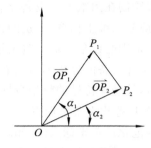

图 3-6　球坐标

(x,y)的齐次坐标表示为(hx,hy,h),则(h_1x,h_1y,h_1),(h_2x,h_2y,h_2),…,(h_nx,h_ny,h_n)都表示二维空间的同一点(x,y)的齐次坐标。比如齐次坐标$(8,4,2)$,$(4,2,1)$表示的都是二维点$(4,2)$;$(12,8,4)$,$(6,4,2)$,$(3,2,1)$均表示$(3,2)$这一点的齐次坐标。当h取值为1时,则二维点(x,y)的齐次坐标表示为$(x,y,1)$,这时仅有唯一一个对应关系,把$(x,y,1)$称为点(x,y)的规范化齐次坐标。在二维空间里,点(x,y)的坐标可以表示为行向量(x,y),那么如果给出点的齐次表达式(X,Y,H),就可求得其二维笛卡儿坐标,即

$$(X,Y,H) \rightarrow \left(\frac{X}{H},\frac{Y}{H},\frac{H}{H}\right) = (x,y,1) \tag{3-1}$$

那么引进齐次坐标有什么必要?它有什么优点呢?

(1)它为几何图形的二维、三维甚至高维空间中的一个点集从一个坐标系变换到另一个坐标系的坐标变换提供了统一的矩阵运算方法。例如,二维齐次坐标变换矩阵的形式是

$$\boldsymbol{T}_{2D} = \begin{bmatrix} a_{11} & a_{12} & a_{13} \\ a_{21} & a_{22} & a_{23} \\ a_{31} & a_{32} & a_{33} \end{bmatrix} \tag{3-2}$$

而三维齐次坐标变换矩阵的形式是

$$\boldsymbol{T}_{3D} = \begin{bmatrix} a_{11} & a_{12} & a_{13} & a_{14} \\ a_{21} & a_{22} & a_{23} & a_{24} \\ a_{31} & a_{32} & a_{33} & a_{34} \\ a_{41} & a_{42} & a_{43} & a_{44} \end{bmatrix} \tag{3-3}$$

(2)齐次坐标可以表示无穷远的点。例如$n+1$维空间中如果$h=0$,齐次坐标实际上表示了一个n维的无穷远点。对二维的齐次坐标(a,b,h),当$h\rightarrow 0$时,表示了直线$ax+by=0$上连续点(x,y)逐渐趋近于无穷远的点,但其斜率不变。笛卡儿坐标中的点$(1,2)$,在齐次坐标中就是$(1,2,1)$。如果这点移动到无限远(∞,∞)处,在齐次坐标中就是$(1,2,0)$,这样我们就避免了用没意义的∞来描述无限远处的点。在三维情况下,利用齐次坐标可以表示视点在原点时的投影变换,其几何意义会更加清晰。

3.3　二维图形变换

图形变换是指对图形的几何信息经过几何变换后产生新的图形。它是基本的图形处理技术,提供了构造和修改图形的方法。对 CAD/CAM 系统来说,通过图形变换可以将简单图形变换为复杂的图形,可以将三维实体用二维的图样表示。图形变换包括几何变换和非几何变换,

几何变换是指改变图形的几何形状和位置,而非几何变换则是改变图形的颜色、线型等非几何属性。通常所说的图形变换是指几何变换,包括把图形平行移动,对图形进行放大、缩小、旋转、透视等图形变换,以利于从某一最有利的角度去观察它,对它进行设计修改。

1. 图形变换的基本原理

无论二维或三维图形,都是由组成图形的点、点之间的连线、连线构成的面以及点、线、面之间的关系表达的。图形变换只是改变图形顶点的坐标,不改变它们的拓扑关系。从原理上讲,图形的几何变换,实际上是点的变换。

1) 点的向量表示

由于图形采用了齐次坐标表示,因此可方便地利用变换矩阵实现对图形的变换,并假设二维图形变换前的一点坐标为 $(x, y, 1)$,变换后为 $(x', y', 1)$;三维图形变换前的一点坐标为 $(x, y, z, 1)$,变换后为 $(x', y', z', 1)$。当然,二维空间和三维空间也

可以分别用列矩阵 $\begin{pmatrix} x \\ y \end{pmatrix}$ 和 $\begin{bmatrix} x \\ y \\ z \end{bmatrix}$ 表示。表示一个点的矩阵称为

位置向量。如图 3-7 所示的三角形的三个顶点坐标 $A(x_1, y_1)$,

$B(x_2, y_2)$,$C(x_3, y_3)$,用矩阵表示为 $\begin{vmatrix} x_1 & y_1 \\ x_2 & y_2 \\ x_3 & y_3 \end{vmatrix}$。

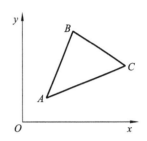

图 3-7　三角形的向量表示

2) 变换矩阵

图形变换的两种形式:图形不变,坐标系改变;图形改变,坐标系不变。这两种情况本质是相同的。在本节中所讨论的变换属于前者。有矩阵 $\boldsymbol{T}$、$\boldsymbol{B}$ 和 $\boldsymbol{P}$,且 $\boldsymbol{PT} = \boldsymbol{B}$,这种一个矩阵 $\boldsymbol{P}$ 对另一个矩阵 $\boldsymbol{T}$ 进行乘法运算而得出一个新矩阵 $\boldsymbol{B}$ 的方法,可被用来完成一个点或一组点的几何变换。这里的矩阵 $\boldsymbol{P}$ 得到变换,矩阵 $\boldsymbol{T}$ 称为变换矩阵。

已知二维坐标系中的一个点 $P(x, y)$,将它变换到点 $P'(x', y')$,则必存在

$$\boldsymbol{PT} = \boldsymbol{B}$$
$$\boldsymbol{P} = (x, y)$$

若变换矩阵为

$$\boldsymbol{T} = \begin{pmatrix} a & b \\ c & d \end{pmatrix}$$

$$\boldsymbol{PT} = (x, y) \begin{pmatrix} a & b \\ c & d \end{pmatrix} = (ax + cy, bx + dy) = (x', y', 1) = (x, y, 1) \begin{bmatrix} a & b & p \\ c & d & q \\ n & m & s \end{bmatrix}$$

写成代数形式如下

$$\begin{cases} x' = ax + cy \\ y' = bx + dy \end{cases}$$

采用齐次坐标时,其矩阵明显将扩展,由于点是 3 个列元素组成的向量,因此 2×2 变换矩阵将扩展成 3×3 矩阵,为

$$(x', y', 1) = (x, y, 1)\boldsymbol{T} = (x, y, 1) \begin{bmatrix} a & b & p \\ c & d & q \\ n & m & s \end{bmatrix} \tag{3-4}$$

由此可见,变换后点的坐标由矩阵 T 中的元素 a,b,c,d,n,m,s,p,q 决定。

(1) 左上角的子矩阵 $\begin{pmatrix} a & b \\ c & d \end{pmatrix}$ 可完成图形的比例、对称、旋转、错切等变换。

(2) 左下角的子矩阵 (n,m) 可完成图形的平移变换。

(3) 右上角的子矩阵 $\begin{pmatrix} p \\ q \end{pmatrix}$ 可完成图形的投影变换。当 p、q 为零时是平行投影,当 p、q 不为零时是中心投影。

(4) 右下角的子矩阵 (s) 可完成图形的全比例变换。当 $s>1$ 时,图形等比例缩小;$s<1$ 时,图形等比例放大。

2. 二维图形的几何变换

二维图形的几何变换,实质是对构成二维图形的点集进行变换。变换主要是通过调整变换矩阵 T 的元素值来实现的。

1) 比例变换

比例变换就是要将图形沿 x 轴或沿 y 轴方向放大或缩小,如图 3-8 所示。如对一个二维点 $P(x,y)$ 进行比例变换,则是将该点的坐标在 x 轴方向放大或缩小 S_x 倍,在 y 轴方向放大或缩小 S_y 倍,即有

$$\begin{cases} x' = S_x x \\ y' = S_y y \end{cases}$$

比例变换的变换矩阵为

$$(x',y',1) = (x,y,1)\begin{bmatrix} S_x & 0 & 0 \\ 0 & S_y & 0 \\ 0 & 0 & 1 \end{bmatrix} = (S_x x, S_y y, 1) \tag{3-5}$$

于是,取变换矩阵

$$T = \begin{bmatrix} S_x & 0 & 0 \\ 0 & S_y & 0 \\ 0 & 0 & 1 \end{bmatrix} \tag{3-6}$$

(1) $S_x = S_y = 1$,点的位置、图形形状不变,又称恒等变换。

(2) $S_x = S_y > 1$,点的位置变了,图形放大了 S_x 倍。

(3) $S_x = S_y < 1$,点的位置变了,图形缩小为原来的 S_x。

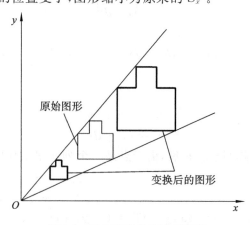

图 3-8 二维图形的等比例变换

（4）$S_x \neq S_y$，不等比例变换，图形在 x，y 两坐标方向的缩放比例不等，如图 3-9 和图 3-10 所示。

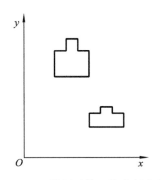

图 3-9　二维图形的不等比例变换

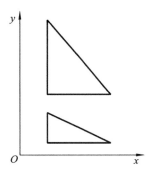

图 3-10　$S_x = 1$，$S_y > 1$

2）对称变换

对称变换也称为反射变换、镜像变换，指变换前后的点关于 x 轴、y 轴、某一直线或某个点对称。

（1）关于 x 轴的对称变换。

关于 x 轴的对称变换矩阵为

$$\boldsymbol{T}_x = \begin{pmatrix} 1 & 0 & 0 \\ 0 & -1 & 0 \\ 0 & 0 & 1 \end{pmatrix} \tag{3-7}$$

$$(x', y', 1) = (x, y, 1) \begin{pmatrix} 1 & 0 & 0 \\ 0 & -1 & 0 \\ 0 & 0 & 1 \end{pmatrix} = (x, -y, 1)$$

即新点坐标和原来的坐标之间的关系为 $\begin{cases} x' = x, \\ y' = -y. \end{cases}$

（2）关于 y 轴的对称变换。

这种情况下，新点坐标和原来的坐标之间的关系为 $\begin{cases} x' = -x, \\ y' = y. \end{cases}$

$$\boldsymbol{T}_y = \begin{pmatrix} -1 & 0 & 0 \\ 0 & 1 & 0 \\ 0 & 0 & 1 \end{pmatrix} \tag{3-8}$$

以上两种对称变换效果如图 3-11（a）所示。

（3）关于坐标原点 O 的对称变换。

这种情况下，新点坐标和原来的坐标之间的关系为 $\begin{cases} x' = -x, \\ y' = -y. \end{cases}$

$$\boldsymbol{T}_O = \begin{pmatrix} -1 & 0 & 0 \\ 0 & -1 & 0 \\ 0 & 0 & 1 \end{pmatrix} \tag{3-9}$$

变换效果如图 3-11（b）所示。

（4）关于 45°线的对称变换。

这种情况下，即关于直线 $y = x$ 对称，新点坐标和原来的坐标之间的关系为 $\begin{cases} x' = y, \\ y' = x. \end{cases}$

$$\boldsymbol{T}_{45°} = \begin{bmatrix} 0 & 1 & 0 \\ 1 & 0 & 0 \\ 0 & 0 & 1 \end{bmatrix} \tag{3-10}$$

（5）关于 $-45°$ 线的对称变换。

这种情况下，即关于直线 $y=-x$ 对称，新点坐标和原来的坐标之间的关系为 $\begin{cases} x'=-y, \\ y'=-x. \end{cases}$

$$\boldsymbol{T}_{-45°} = \begin{bmatrix} 0 & -1 & 0 \\ -1 & 0 & 0 \\ 0 & 0 & 1 \end{bmatrix} \tag{3-11}$$

以上两种对称变换效果如图 3-11（c）所示。

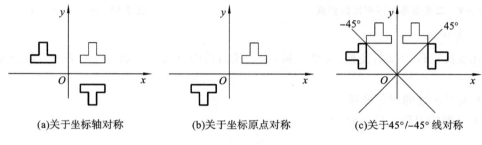

(a)关于坐标轴对称　　　　(b)关于坐标原点对称　　　　(c)关于45°/-45°线对称

图 3-11　对称变换

3）平移变换

二维空间点 $P(x,y)$ 沿 x 轴平移 Δx，沿 y 轴平移 Δy，得到的新点 $P'(x',y')$ 的坐标满足 $\begin{cases} x'=x+\Delta x, \\ y'=y+\Delta y. \end{cases}$

$$(x',y',1)=(x,y,1)\begin{bmatrix} 1 & 0 & 0 \\ 0 & 1 & 0 \\ \Delta x & \Delta y & 1 \end{bmatrix}=(x+\Delta x, y+\Delta y, 1)$$

平移变换矩阵为

$$\boldsymbol{T}_{t}=\begin{bmatrix} 1 & 0 & 0 \\ 0 & 1 & 0 \\ \Delta x & \Delta y & 1 \end{bmatrix} \tag{3-12}$$

效果如图 3-12 所示。

4）旋转变换

旋转变换是将图形绕固定点顺时针或逆时针方向进行旋转。若使图形绕坐标原点旋转 θ 角，逆时针方向为正，顺时针方向为负，如图 3-13 所示，则其对坐标原点的旋转变换得到的新点 $P'(x',y')$ 的坐标满足 $\begin{cases} x'=x\cos\theta-y\sin\theta, \\ y'=x\sin\theta+y\cos\theta. \end{cases}$

$$(x',y',1)=(x,y,1)\begin{bmatrix} \cos\theta & \sin\theta & 0 \\ -\sin\theta & \cos\theta & 0 \\ 0 & 0 & 1 \end{bmatrix}=(x\cos\theta-y\sin\theta, x\sin\theta+y\cos\theta, 1)$$

旋转变换矩阵为

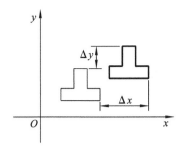

图 3-12　平移变换

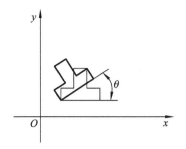

图 3-13　旋转变换

$$\boldsymbol{T}_{\mathrm{r}}=\begin{pmatrix} \cos\theta & \sin\theta & 0 \\ -\sin\theta & \cos\theta & 0 \\ 0 & 0 & 1 \end{pmatrix} \tag{3-13}$$

5）错切变换

错切变换是图形的每一个点在某一方向上坐标保持不变,而另一坐标方向上的坐标进行线性变换,或都进行线性变换,如图 3-14 所示。错切变换矩阵的特点:变换矩阵中的元素 $a=d=1$,b、c 之一为 0。坐标的错切变换为

$$(x',y',1)=(x,y,1)\begin{pmatrix} 1 & b & 0 \\ c & 1 & 0 \\ 0 & 0 & 1 \end{pmatrix}=(x+cy,bx+y,1) \tag{3-14}$$

（1）沿 x 轴方向的错切变换。

变换矩阵为

$$\boldsymbol{T}=\begin{pmatrix} 1 & 0 & 0 \\ c & 1 & 0 \\ 0 & 0 & 1 \end{pmatrix} \tag{3-15}$$

若 $c>0$,则沿 x 轴正方向错切;若 $c<0$,则沿 x 轴负方向错切:

①变换过程中,点的 y 坐标保持不变,而 x 坐标值发生线性变化;

②平行于 x 轴的线段变换后仍平行于 x 轴;

③平行于 y 轴的线段变换后错切成与 y 轴成角的直线段;

④x 轴上的点在变换过程中保持不变,其余点在变换后都平移了一段距离。

（2）沿 y 轴方向的错切变换。

变换矩阵为

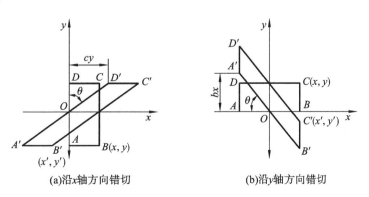

(a)沿x轴方向错切　　　　　　(b)沿y轴方向错切

图 3-14　错切变换

$$T = \begin{bmatrix} 1 & b & 0 \\ 0 & 1 & 0 \\ 0 & 0 & 1 \end{bmatrix} \qquad (3\text{-}16)$$

若 $b>0$，则沿 y 轴正方向错切；若 $b<0$，则沿 y 轴负方向错切：

①变换过程中，点的 x 坐标保持不变，而 y 坐标值发生线性变化；

②平行于 y 轴的线段变换后仍平行于 y 轴；

③平行于 x 轴的线段变换后错切成与 x 轴成角的直线段；

④y 轴上的点在变换过程中保持不变，其余点在变换后都平移了一段距离。

6）复合变换

在 CAD/CAM 中的图形变换比较复杂，往往仅用一种基本变换不能实现，需经由两种或多种基本变换的组合才能得到所需的最终图形。这种由两个以上基本变换构成的变换称为复合变换或组合变换。不管多么复杂的变换都可以分解为多个基本变换的组合，相应的变换矩阵称为复合变换矩阵。设各次变换的矩阵分别是 $T_1, T_2, \cdots, T_n$，则组合变换的矩阵 T 是各次变换矩阵的乘积，即

$$T = T_1 T_2 \cdots T_n \qquad (3\text{-}17)$$

如图 3-15 所示，图形绕平面上任意一点 $P(m,n)$ 旋转 θ 角的旋转变换，就是一个复合变换：首先，把旋转中心 $P(m,n)$ 平移到坐标原点（T_1）；然后，绕原点进行旋转变换（T_2）；最后，将所得结果再平移，回到原旋转中心位置（T_3）。

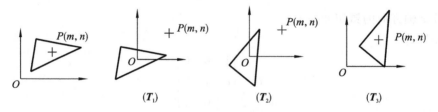

图 3-15　绕任意点的旋转变换

若用矩阵表示，将三个变换矩阵按变换的顺序相乘就可得到复合变换矩阵，即

$$T = T_1 T_2 T_3 = \begin{bmatrix} 1 & 0 & 0 \\ 0 & 1 & 0 \\ -m & -n & 1 \end{bmatrix} \begin{bmatrix} \cos\theta & \sin\theta & 0 \\ -\sin\theta & \cos\theta & 0 \\ 0 & 0 & 1 \end{bmatrix} \begin{bmatrix} 1 & 0 & 0 \\ 0 & 1 & 0 \\ m & n & 1 \end{bmatrix}$$

$$= \begin{bmatrix} \cos\theta & \sin\theta & 0 \\ -\sin\theta & \cos\theta & 0 \\ m - m\cos\theta + n\sin\theta & n - m\sin\theta - n\cos\theta & 1 \end{bmatrix}$$

由于矩阵的乘法运算不满足交换律，即当 A、B 为矩阵的时候，$AB \neq BA$，因此，在进行组合变换时，应注意连续变换的顺序不能改变，否则会得到不同的结果。

3.4　三维图形的几何变换

三维图形的几何变换是二维图形几何变换的简单扩展，严格地讲，二维图形几何变换实际是三维图形几何变换的特例，因此，前面介绍的二维图形几何变换的原理和方法，在三维图形几何变换中都适用，只不过三维图形几何变换更丰富更复杂。

1. 三维变换矩阵

根据齐次坐标表示法,用一个四维向量$(x,y,z,1)$来表示三维空间的一个点向量(x,y,z)。在齐次坐标表示法中,二维变换矩阵是一个3×3的方阵。同理,三维变换矩阵应是一个4×4的方阵,即

$$(x',y',z',1)=(x,y,z,1)\boldsymbol{T}=(x,y,z,1)\begin{pmatrix}a&b&c&p\\d&e&f&q\\h&i&j&r\\l&m&n&s\end{pmatrix} \tag{3-18}$$

式中$\boldsymbol{T}$为三维变换矩阵。

根据对图形所能产生的不同变换效果,可以把三维变换矩阵$\boldsymbol{T}$分为四块。

(1) 左上角的子矩阵$\begin{bmatrix}a&b&c\\d&e&f\\h&i&j\end{bmatrix}$可完成图形的比例、对称、旋转、错切等变换。

(2) 左下角的子矩阵(l,m,n)可完成图形的平移变换。

(3) 右上角的子矩阵$\begin{bmatrix}p\\q\\r\end{bmatrix}$可完成图形的透视变换。

(4) 右下角的子矩阵(s)可完成图形的全比例变换。当$s>1$时,图形等比例缩小;$s<1$时,图形等比例放大。

2. 三维基本几何变换

1) 三维比例变换

三维变换矩阵主对角线上的元素a、e、j、s的作用是使三维图形产生比例变换。设比例变换的参考点为坐标原点,其变换矩阵为

$$\boldsymbol{T}=\begin{bmatrix}a&0&0&0\\0&e&0&0\\0&0&j&0\\0&0&0&s\end{bmatrix} \tag{3-19}$$

(1) 当$s=1$时,a、e、j三元素的值分别表示沿x、y、z三轴方向上的缩放因子。若$a=e=j$,三方向的缩放因子相等,图形产生等比例的缩放变换;若$a\neq e\neq j$,由于三个方向上的缩放因子不等,结果会发生畸变。和二维变换类似,三维图形也可以产生压缩和拉伸的效果。

(2) 当$s\neq1$,而沿x、y、z三轴方向上的缩放因子为1时,则三维变换过程为

$$(x',y',z',1)=(x,y,z,1)\begin{bmatrix}1&0&0&0\\0&1&0&0\\0&0&1&0\\0&0&0&s\end{bmatrix}=(x,y,z,s) \tag{3-20}$$

根据齐次化的要求,使向量中的第四项元素化为常数$1(s/s)$,则上式就变为

$$(x',y',z',1)=\left(\frac{x}{s},\frac{y}{s},\frac{z}{s},1\right) \tag{3-21}$$

若$s>1$,则三维图形产生三向等比例缩小的变换;

若$0<s<1$,则产生等比例放大的变换。

因此，s 也被称为全比例变换系数。

2）三维对称变换

基本的三维对称变换是相对于用户坐标系的三个坐标平面进行的。

（1）相对于 xOy 平面的对称变换。

三维图形相对于 xOy 平面作对称变换时，只是 z 坐标发生变化，故新点 $P(x',y',z')$ 和原来点 $P(x,y,z)$ 的坐标之间的关系为 $\begin{cases} x' = x \\ y' = y \\ z' = -z \end{cases}$，采用齐次坐标写成矩阵表达式，即

$$(x',y',z',1) = (x,y,z,1)\begin{pmatrix} 1 & 0 & 0 & 0 \\ 0 & 1 & 0 & 0 \\ 0 & 0 & -1 & 0 \\ 0 & 0 & 0 & 1 \end{pmatrix} = (x,y,-z,1) \tag{3-22}$$

故图形相对于 xOy 平面对称变换的变换矩阵为

$$T = \begin{pmatrix} 1 & 0 & 0 & 0 \\ 0 & 1 & 0 & 0 \\ 0 & 0 & -1 & 0 \\ 0 & 0 & 0 & 1 \end{pmatrix} \tag{3-23}$$

（2）相对于 yOz 平面的对称变换。

与上述一样的道理，相对于 yOz 平面对称变换的变换矩阵为

$$T = \begin{pmatrix} -1 & 0 & 0 & 0 \\ 0 & 1 & 0 & 0 \\ 0 & 0 & 1 & 0 \\ 0 & 0 & 0 & 1 \end{pmatrix} \tag{3-24}$$

（3）相对于 xOz 平面的对称变换。

同样的道理，相对于 xOz 平面对称变换的变换矩阵为

$$T = \begin{pmatrix} 1 & 0 & 0 & 0 \\ 0 & -1 & 0 & 0 \\ 0 & 0 & 1 & 0 \\ 0 & 0 & 0 & 1 \end{pmatrix} \tag{3-25}$$

3）三维旋转变换

三维旋转变换指空间立体绕坐标轴旋转 θ 角，θ 角的正负按右手定则确定，即右手拇指指向坐标轴正向，其余四指指向为旋转正向。

（1）绕 x 轴旋转 θ 角，变换矩阵为

$$T = \begin{pmatrix} 1 & 0 & 0 & 0 \\ 0 & \cos\theta & \sin\theta & 0 \\ 0 & -\sin\theta & \cos\theta & 0 \\ 0 & 0 & 0 & 1 \end{pmatrix} \tag{3-26}$$

（2）绕 y 轴旋转 θ 角，变换矩阵为

$$
T = \begin{bmatrix} \cos\theta & 0 & -\sin\theta & 0 \\ 0 & 1 & 0 & 0 \\ \sin\theta & 0 & \cos\theta & 0 \\ 0 & 0 & 0 & 1 \end{bmatrix} \tag{3-27}
$$

（3）绕 z 轴旋转 θ 角,变换矩阵为

$$
T = \begin{bmatrix} \cos\theta & \sin\theta & 0 & 0 \\ -\sin\theta & \cos\theta & 0 & 0 \\ 0 & 0 & 1 & 0 \\ 0 & 0 & 0 & 1 \end{bmatrix} \tag{3-28}
$$

4）三维平移变换

三维图形的平移变换是在空间沿三坐标轴方向上的移动,其变换矩阵为

$$
T = \begin{bmatrix} 1 & 0 & 0 & 0 \\ 0 & 1 & 0 & 0 \\ 0 & 0 & 1 & 0 \\ l & m & n & 1 \end{bmatrix} \tag{3-29}
$$

其中, l,m,n 分别为 x,y,z 三个方向的平移量,它们的正负决定了平移方向。如图 3-16 所示的一单位立方体,现将它沿 x 方向移动 3 个单位,沿 y 方向移动 2 个单位,沿 z 方向移动 3.5 个单位,得到图 3-17。

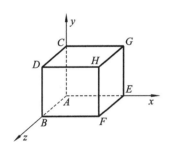

图 3-16　平移前

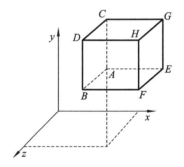

图 3-17　平移后

矩阵变换过程如下

$$
T = \begin{bmatrix} 1 & 0 & 0 & 0 \\ 0 & 1 & 0 & 0 \\ 0 & 0 & 1 & 0 \\ 3 & 2 & 3.5 & 1 \end{bmatrix}
$$

$$
PT = \begin{bmatrix} 0 & 0 & 0 & 1 \\ 0 & 0 & 1 & 1 \\ 0 & 1 & 0 & 1 \\ 0 & 1 & 1 & 1 \\ 1 & 0 & 0 & 1 \\ 1 & 0 & 1 & 1 \\ 1 & 1 & 0 & 1 \\ 1 & 1 & 1 & 1 \end{bmatrix} \times \begin{bmatrix} 1 & 0 & 0 & 0 \\ 0 & 1 & 0 & 0 \\ 0 & 0 & 1 & 0 \\ 3 & 2 & 3.5 & 1 \end{bmatrix} = \begin{bmatrix} 3 & 2 & 3.5 & 1 \\ 3 & 2 & 4.5 & 1 \\ 3 & 3 & 3.5 & 1 \\ 3 & 3 & 4.5 & 1 \\ 4 & 2 & 3.5 & 1 \\ 4 & 2 & 4.5 & 1 \\ 4 & 3 & 3.5 & 1 \\ 4 & 3 & 4.5 & 1 \end{bmatrix}
$$

5）三维错切变换

错切变换是指空间立体沿 x,y,z 三个方向都产生错切变形，其变换矩阵为

$$T = \begin{bmatrix} 1 & b & c & 0 \\ d & 1 & f & 0 \\ h & i & 1 & 0 \\ 0 & 0 & 0 & 1 \end{bmatrix} \qquad (3\text{-}30)$$

可见，主对角线各元素均为 1，第 4 行第 4 列其他元素均为 0。

式（3-30）中，d、h 为沿 x 坐标轴方向的错切变换系数；b、i 为沿 y 坐标轴方向的错切变换系数；c、f 为沿 z 坐标轴方向的错切变换系数。当 b、c、d、f、h、i 元素中仅有一个取值不为 0，其余均为 0 时，可以产生沿 x,y,z 三个方向的错切变形。

思　考　题

3-1　计算机绘图中有几种坐标系？其主要用途都是什么？

3-2　什么是齐次坐标？它有什么优点？

3-3　在二维图形的变换中，如何进行比例变换、对称变换、平移变换、旋转变换和错切变换？

3-4　在三维图形的变换中，如何进行比例变换、对称变换、平移变换和旋转变换？

3-5　在二维齐次坐标系中，分别写出下列变换矩阵。

（1）整个图形放大 3 倍。

（2）x、y 方向都放大 2 倍。

（3）图形上移 3 个单位，右移 2 个单位。

（4）图形绕坐标原点顺时针旋转 60°。

（5）图形绕点（2,3）逆时针旋转 90°。

第 4 章

机械 CAD 技术在机械工程中的应用

目前,CAD 技术已经广泛地应用在机械、电子、航天、化工、建筑等行业。应用 CAD 技术起到了提高企业的设计效率、优化设计方案、减轻技术人员的劳动强度、缩短设计周期、加强设计的标准化等作用。可以说,目前在各行各业中,已经离不开 CAD 技术和 CAD 软件的应用。近年来,在计算机辅助设计、计算机辅助制造、计算机辅助工艺过程设计、计算机辅助工程以及电子图档管理系统的各个方面均取得了一系列的技术突破和技术更新,使得现在的 CAD/CAM/CAPP/CAE 软件不断地朝着实用化、高效化、集成化方向发展。在这里,根据目前市面上流行的 CAD 系统应用软件,选取其中几套最新的典型软件进行举例说明。

◀ 4.1 常用机械 CAD 应用软件介绍 ▶

1. SolidWorks

SolidWorks 公司成立于 1993 年,由 PTC 公司的技术副总裁与 CV 公司的副总裁发起,最初的目标是在每一个工程师的桌面上提供一套具有生产力的实体模型设计系统。1995 年推出第一套 SolidWorks 三维机械设计软件,1997 年被法国达索(Dassault Systemes)公司收购,作为达索中端主流市场的主打品牌。

SolidWorks 软件是世界上第一个基于 Windows 开发的三维 CAD 系统。由于使用了 Windows OLE 技术、直观式技术、先进的 Parasolid 内核以及良好的与第三方软件的集成技术,SolidWorks 成为全球装机量最大、最好用的软件之一。

功能强大、易学易用和技术创新是 SolidWorks 的三大特点,使得 SolidWorks 成为领先的、主流的三维 CAD 解决方案。SolidWorks 能够提供不同的设计方案,减少设计过程中的错误以及提高产品质量。SolidWorks 不仅功能强大,而且对每个设计者和工程师来说,它的操作非常简单方便、易学易用。

软件的主要模块有:①零件建模;②曲面建模;③钣金设计;④帮助文件;⑤数据转换;⑥高级渲染;⑦图形输出;⑧特征识别;⑨软件设计。

2. Pro/E

Pro/E 是美国参数技术公司 PTC(Parametric Technology Corporation)开发的 CAD/CAM/CAE 一体化三维软件。Pro/E 软件以参数化著称,是参数化技术的最早应用者,在目前的三维造型软件领域中占有重要地位。Pro/E 作为当今世界机械 CAD/CAM/CAE 领域的新标准而得到业界的认可和推广,是现今主流的 CAD/CAM/CAE 软件之一,特别是在国内产品设计领域占据重要位置。

Pro/E 第一个提出了参数化设计的概念,并且采用了单一数据库来解决特征的相关性问题。另外,它采用模块化方式,用户可以根据自身的需要进行选择,而不必安装所有模块。Pro/E 的基于特征方式,能够将设计至生产全过程集成到一起,实现并行工程设计。它不但可以应用于工作站,而且可以应用到单机上。

Pro/E 采用了模块方式,可以分别进行草图绘制、零件制作、装配设计、钣金设计、加工处理等,保证用户可以按照自己的需要进行选择使用。

Pro/E 和 Wildfire 是 PTC 官方使用的软件名称,但在中国用户所使用的名称中,并存着多个说法,比如 ProE、Pro/E、破衣、野火等都是指 Pro/E 软件,Pro/E2001、Pro/E2.0、Pro/E3.0、Pro/E4.0、Pro/E5.0、Creo1.0、Creo2.0 等都是指软件的版本。

2010 年 10 月 29 日,PTC 公司宣布推出 Creo 设计软件。也就是说 Pro/E 正式更名为 Creo。Creo 是整合了 PTC 公司的三个软件——Pro/E 的参数化技术、CoCreate 的直接建模技术和 ProductView 的三维可视化技术的新型 CAD 设计软件包,是 PTC 公司闪电计划所推出的第一个产品。Creo 具备互操作性、开放、易用三大特点,它旨在消除 CAD 行业中基本的易用性、互操作性和装配管理问题。

目前 Pro/E 最高版本为 Creo Parametric 5.0。但在市场应用中,不同的公司还在使用着从 Pro/E2001 到 Wildfire5.0 的各种版本,Wildfire3.0 和 Wildfire5.0 是主流应用版本。Pro/E 软件系列都支持向下兼容但不支持向上兼容,也就是新的版本可以打开旧版本的文件,但旧版本默认无法直接打开新版本文件。虽然 PTC 提供了相应的插件以实现旧版本打开新版本文件的功能,但在很多情况下支持并不理想,容易造成软件在操作过程中直接跳出。

Pro/E 主要分为工业设计(CAID)模块和机械设计(CAD)模块。

工业设计模块主要用于对产品进行几何设计,在过去,在零件未制造出时,是无法观看零件形状的,只能通过二维平面图进行想象。现在,用 3ds Max 可以生成实体模型,但用 3ds Max 生成的模型在工程实际中是"中看不中用"。用 Pro/E 生成的实体模型,不仅中看,而且可用。实际上,Pro/E 后阶段的各个工作数据的产生都要依赖于实体建模所生成的数据,包括 Pro/3D paint(3D 建模)、Pro/Animate(动画模拟)、Pro/Designer(概念设计)、Pro/Network Animation(网络动画合成)、Pro/Perspecta—Sketch(图片转三维模型)、Pro/Photorender(图片渲染)几个子模块。

机械设计模块是一个高效的三维机械设计工具。它可绘制任意复杂形状的零件。在实际中存在大量形状不规则的物体表面,如一些自由曲面。随着人们生活水平的提高,对曲面产品的需求将会大大增加,用 Pro/E 生成曲面仅需 2~3 步。Pro/E 生成曲面的方法有:拉伸、旋转、放样、扫掠、网格、点阵等。由于生成曲面的方法较多,因此 Pro/E 可以迅速建立任何复杂曲面。它既能作为高性能系统独立使用,又能与其他实体建模模块结合起来使用,它支持 GB、ANSI、ISO 和 JIS 等标准,包括 Pro/Assembly(实体装配)、Pro/Cabling(电路设计)、Pro/Piping(弯管铺设)、Pro/ Report(应用数据图形显示)、Pro/Scan Tools(物理模型数字化)、Pro/Surface(曲面设计)、Pro/ Welding(焊接设计)。

3. UG

UG 是 Unigraphics 的缩写,是美国 EDS(Electronic Data Systems)公司的产品。它是一个交互式 CAD/CAM 系统。它功能强大,可以轻松实现各种复杂实体及造型的建构。它在诞生之初主要基于工作站,但随着 PC 硬件的发展和个人用户的迅速增长,在 PC 上的应用取得了迅猛的增长,目前已经成为模具行业三维设计的一个主流应用。UG 的开发始于 1990 年 7 月,它是基于 C 语言开发实现的。20 世纪 70 年代,美国麦道飞机公司成立了解决自动编程系统的数控小组,后来发展成为 CAD/CAM 一体化的 UG1 软件。20 世纪 90 年代被 EDS 公司收并,为通用汽车公司服务。2007 年 5 月正式被西门子收购。因此,UG 有着美国航空和汽车两大产业的背景。自 UG19 版以后,此产品更名为 NX。NX 是 UGS 新一代数字化产品开发系统,它可以通过过程变更来驱动产品革新。NX 独特之处是其知识管理基础,它使得工程专业人员能够推动革新以创造出更大的利润。NX 可以管理生产和系统性能知识,根据已知准则来确认每一设计决策。NX 建立在为客户提供无与伦比的解决方案的成功经验基础之上,这些解决方案可以全面地改善设计过程的效率,削减成本,并缩短进入市场的时间。NX 使企业能够通过新一代数字化产品开发系统实现向产品全生命周期管理转型的目标。

UG 软件具有强大的三维设计能力,其中 CAD 技术模块包括以下几种。

1) UG 实体建模——UG/Solid Modeling

UG 实体建模提供草图设计、各种曲线生成、编辑、布尔运算、扫掠实体、旋转实体、沿导轨扫掠、尺寸驱动、定义、编辑变量及其表达式、非参数化模型和参数化等工具。

2) UG 特征建模——UG/Features Modeling

UG 特征建模模块提供了各种标准设计特征的生成和编辑的工具,如各种孔、键槽、凹腔、方形、圆形、异形、方形凸台、圆形凸台、异形凸台、圆柱、方块、圆锥、球体管道、杆、倒圆、倒角、模型抽空产生薄壁实体、模型简化(Simplify)等,并且可以用于压铸模设计与砂型设计等,模块还提供其他功能,如拔锥、特征编辑、删除、压缩、复制、粘贴等特征引用以及阵列、特征顺序调整、特征树等工具。

3) UG 自由曲面建模——UG/Freeform Modeling

UG 具有丰富的曲面建模工具,包括直纹面、扫描面、通过一组曲线的自由曲面、通过两组正交曲线的自由曲面、曲线广义扫掠、标准二次曲线方法放样、等半径和变半径倒圆、广义二次曲线倒圆、两张及多张曲面间的光顺桥接、动态拉动调整曲面、等距或不等距偏置、曲面裁剪、编辑、点云生成、曲面编辑。

4) UG 用户自定义特征——UG/User Defined Feature

UG/User Defined Feature 用户自定义特征模块提供交互式方法来定义和存储基于用户自定义特征(UDF)概念的、便于调用和编辑的零件族,形成用户专用的 UDF 库,提高用户设计建模效率。该模块包括从已生成的 UG 参数化实体模型中提取参数、定义特征变量、建立参数间相关关系、设置变量默认值、定义代表该 UDF 的图标菜单的全部工具。在 UDF 生成之后,UDF 即变成可通过图标菜单被所有用户调用的用户专有特征,当把该特征添加到设计模型中时,其所有预设变量参数均可编辑并将按 UDF 建立时的设计意图而变化。

5) UG 工程绘图——UG/Drafting

UG 工程绘图模块提供了自动视图布置、剖视图、各向视图、局部放大图、局部剖视图、自动、手工尺寸标注、形位公差、粗糙度符号标注、支持 GB、标准汉字输入、视图手工编辑、装配图剖视、爆炸图、明细表自动生成等工具。

6) UG 装配建模——UG/Assembly Modeling

UG 装配建模具有如下特点:提供并行的自上而下和自下而上的产品开发方法;装配模型中零件数据是对零件本身的链接映像,保证装配模型和零件设计完全双向相关,并改进了软件操作性能,减少了存储空间的需求;零件设计修改后装配模型中的零件会自动更新,同时可在装配环境下直接修改零件设计;坐标系定位;逻辑对齐、贴合、偏移等灵活的定位方式和约束关系;在装配中安放零件或子装配件,并可定义不同零件或组件间的参数关系;参数化的装配建模提供描述组件间配合关系的附加功能,也可用于说明通用紧固件组和其他重复部件;装配导航;零件搜索;零件装机数量统计;调用目录;参考集;装配部分着色显示;标准件库调用;重量控制;在装配层次中快速切换,直接访问任何零件或子装配件;生成支持汉字的装配明细表,当装配结构变化时装配明细表可自动更新;并行计算能力,支持多 CPU 硬件平台。

7) UG 高级装配——UG/Advanced Assembies

UG 高级装配模块提供了如下功能:增加产品装配设计的特殊功能;允许用户灵活过滤装配结构的数据调用控制;高速大装配着色;大装配干涉检查功能;管理、共享和检查用于确定复杂产品布局的数字模型,完成全数字化的电子样机装配;对整个产品、指定的子系统或子部件进行可视化和装配分析;定义各种干涉检查工况,储存起来多次使用,并可选择以批处理方式运行;软、硬干涉的精确报告;对于大型产品,设计组可定义、共享产品区段和子系统,以提高从大型产品结构中选取进行设计更改的部件时软件运行的响应速度;并行计算能力,支持多 CPU 硬件平台,可充分利用硬件资源。

8) UG 钣金设计——UG/Sheet Metal Design

UG 钣金设计模块可实现如下功能:复杂钣金零件生成;参数化编辑;定义和仿真钣金零件的制造过程;展开和折叠的模拟操作;生成精确的二维展开图样数据;展开功能可考虑可展和不可展曲面情况,并根据材料中性层特性进行补偿。

另外,Unigraphics 还具备独有的功能:集成化的概念设计、集成化的知识工程、实时的设计协同以及世界一流的产品设计和加工。

9) UG 模具设计——UG/Mold Wizard

Mold Wizard(注塑模向导)是基于 NX 开发的针对注塑模具设计的专业模块。模块中配有常用的模架库和标准件,用户可以根据自己的需要方便地进行调整使用,还可以进行标准件的自我开发,很大程度上提高了模具设计效率。

Mold Wizard 模块提供了整个模具设计流程,包括产品装载、排位布局、分型、模架加载、浇注系统、冷却系统以及工程制图等。整个设计过程非常直观、快捷,它的应用设计让普通设计者也能完成一些中、高难度的模具设计。

4. CATIA

CATIA 是法国达索飞机公司在 20 世纪 70 年代开发的高档 CAD/CAM 软件,是一款主流的 CAD/CAE/CAM 一体化软件。CATIA 是英文 computer aided tridimensional interactive application(计算机辅助三维交互式应用)的缩写。

CATIA 是 CAD/CAE/CAM 一体化软件,位居世界 CAD/CAE/CAM 领域的领导地位,具有强大的曲面设计功能,在飞机、汽车、轮船等设计领域享有很高的声誉。其特有的 DMU 电子样机模块功能及混合建模技术更是推动着企业竞争力和生产力的提高。

CATIA 应用的几个主要项目例如波音 777、737 等均成功地用 100% 数字模型无纸加工完成。波音飞机公司还使用 CATIA 完成了整个波音 777 的电子装配,创造了业界的一个奇迹,从而也确定了 CATIA 在 CAD/CAE/CAM 行业内的领先地位。CATIA 在造型风格、车身及引擎设计等方面具有独特的长处,为各种车辆的设计和制造提供了广泛的支持。在汽车行业使用的所有商用 CAD/CAM 软件中,CATIA 已占到了 60% 以上。

CATIA V5 版本能够运行于计算机平台,这不仅使用户能够节省大量的硬件成本,而且其友好的用户界面使用户更容易使用。2012 年,达索宣布了全新公司战略——3D Experience,并开始倡导"后 PLM 时代"的思想。同时,推出了全新 3D Experience 平台,于 2012 年 7 月 6 日推出了 3D 体验平台最新版本——V6R2013。其核心产品线包括 CATIA、ENOVIA、DELMA 以及 3DVIA。

CATIA 在三维 CAD 方面常用的模块有:

（1）交互式工程绘图　满足二维设计和工程绘图的需求；

（2）零件设计　在高效和直观的环境下设计零件；

（3）装配设计　可用鼠标和图形化的命令方便地抓取零件并放置到正确的位置来建立装配约束；

（4）创成式工程绘图　从 3D 零件或装配设计生成图样；

（5）实时渲染　利用材质的技术规范,生成模型的逼真渲染图；

（6）线架和曲面　创建上下关联的线架结构元素和基本曲面；

（7）创成式零件结构分析　可以对零件进行明晰的、自动的结构分析,并将模拟仿真和设计规范集成在一起；

（8）创成式曲面设计　结合线架和多种曲面特征,创建在上下关联环境下由规范驱动的外形设计；

（9）自由风格曲面造型　帮助设计者创建风格造型和曲面,提供使用方便的基于曲面的工具,用以创建符合审美要求的外形；

（10）钣金设计　基于特征的造型方法提供了高效和直观的设计环境。

5. 其他

1）AutoCAD

AutoCAD(Autodesk computer aided design)是 Autodesk(欧特克)公司首次于 1982 年开发的自动计算机辅助设计软件,用于二维绘图、详细绘制、设计文档和基本三维设计,现已经成为国际上广为流行的绘图工具。AutoCAD 具有良好的用户界面,通过交互菜单或命令行方式便可以进行各种操作。它的多文档设计环境,让非计算机专业人员也能很快地学会使用,在不断实践的过程中更好地掌握它的各种应用和开发技巧,从而不断提高工作效率。AutoCAD 具有广泛的适应性,可以在各种操作系统支持的微型计算机和工作站上运行。

AutoCAD 是一款自动计算机辅助设计软件,可以用于二维制图和基本三维设计。通过它无须懂得编程,即可自动制图,因此它在全球广泛使用,可以用于土木建筑、装饰装潢、工业制图、工程制图、电子工业、服装加工等领域。

2）Inventor

Inventor 是美国 Autodesk 公司推出的一款三维可视化实体模拟软件 Autodesk Inventor Professional(AIP),目前已推出最新版本 AIP2019,同时推出了 iPhone 版本。Autodesk Inventor Professional 包括 Autodesk Inventor 三维设计软件、基于 AutoCAD 平台开发的二维机械制图和详图软件 AutoCAD Mechanical,还加入了用于缆线和束线设计、管道设计及 PCB IDF 文件输入的专业功能模块,并加入了由业界领先的 ANSYS 技术支持的 FEA 功能,可以直接在 Autodesk Inventor 软件中进行应力分析。在此基础上,集成的数据管理软件 Autodesk Vault 用于安全地管理进展中的设计数据。由于 Autodesk Inventor Professional 集所有这些产品于一体,因此提供了一个无风险的二维到三维转换路径。

Autodesk Inventor 产品系列正在改变传统的 CAD 工作流程:因为简化了复杂三维模型的创建,工程师即可专注于设计的功能实现;通过快速创建数字样机,并利用数字样机来验证设计的功能,工程师即可在投产前更容易发现设计中的错误。Inventor 能够加速概念设计到产品制造的整个流程,并凭借着这一创新方法,连续 7 年销量居同类产品之首。

3）CAXA

北京数码大方科技股份有限公司(CAXA 数码大方)是中国领先的工业软件和服务公司,

是中国最大的 CAD 和 PLM 软件供应商,是中国工业云的倡导者和领跑者。CAXA 是集工程设计、创新设计和工程图于一体的新一代三维 CAD 软件系统。

"CAXA"是由 C——computer(计算机)、A——aided(辅助的)、X——X arbitrary(任意的)及 A——alliance、ahead(联盟、领先)四个字母组成的,其含义是"领先一步的计算机辅助技术和服务"。

CAXA 提供数字化设计解决方案,产品包括二维、三维 CAD,工艺 CAPP 和产品数据管理 PDM 等软件;提供数字化制造解决方案,产品包括 CAM、网络 DNC、MES 和 MPM 等软件。支持企业贯通并优化营销、设计、制造和服务的业务流程,实现产品全生命周期的协同管理。其中最广为使用的是"CAXA 线切割"和"CAXA 电子图板"功能。

4) Solid Edge

Solid Edge 是一款功能强大的三维计算机辅助设计软件,允许制造公司开展富有洞察力的设计并通过降低成本同时增加顶线收入来取得竞争优势。独特的 Solid Edge 洞察力技术把设计管理能力直接嵌入到 CAD 内部,向整个组织的设计意图提供洞察力,并加强协同。Solid Edge 出色的核心建模和工作流程所补充的洞察力极大地缓解了设计越来越复杂产品的压力,以适应不断变化的市场需求。Solid Edge 在全世界范围内拥有广泛的用户群体,包含来自世界数千家公司的设计人员,这些公司包括 Alcoa、NEC 和沃尔沃。Solid Edge 航行者程序包括 200 套集成的工程软件程序和计算机硬件解决方案。这个仅为机械用库及管道设计用库。

5) Imageware

Imageware 广泛应用于汽车、航空、航天、消费家电、模具、计算机零部件领域,拥有广大的用户群,如 BMW、Boeing、GM、Chrysler、Ford、Raytheon、Toyota。Imageware 为自由曲面产品设计方面的所有关键领域提供了应用驱动的解决方案。空前先进的技术保证了用户能在更短的时间内进行设计、逆向工程,并精确地构建和完全地检测高质量自由曲面。最新的产品版本更注重于高级曲面、3D 检测、逆向工程和多边形造型,为产品的设计、工程和制造营造了一个直觉的柔性设计环境。

6) MDT

MDT(Mechanical Desktop)是 Autodesk 公司继 AutoCAD 之后推出的集成化微机版 CAD 系统,是对 AutoCAD 的扩展,具有特征造型、约束装配和曲面造型能力,同时,它与 AutoCAD 完全集成。但现在 Autodesk 新推出的 Inventor 系列软件功能更强,操作简单,以前的 MDT 用户已纷纷改用 Inventor 了。

◀ 4.2　机械产品的 CAD 技术应用实例 ▶

1. 应用 Pro/E 进行基于特征的实体造型实例

自从美国 PTC 公司的 CAD/CAM 系统 Pro/E 为代表的基于特征造型的参数化设计(parametric design)系统问世以来,其基于特征造型的参数化设计方法和思路目前已广泛被其他 CAD/CAM 系统(如:UGⅡ、MDT、SolidWorks 等)采用。

Pro/E 是采用参数化设计的、基于特征的实体模型化系统,工程设计人员采用具有智能特性的基于特征的功能去生成模型,如腔、壳、倒角及圆角,可以随意勾画草图,轻易改变模型。这一功能特性给工程设计者提供了在设计上从未有过的简易和灵活。Pro/E 具有强大的实体建模功能和直观的用户界面,可以用来进行零件设计、装配设计和工程绘图;零件模型、装配模型以及工程图是完全关联的，任何一方的改变会自动地反映在与之相联系的图形和部件上。图 4-1 所示为应用 Pro/E 系统进行基于特征造型的界面。

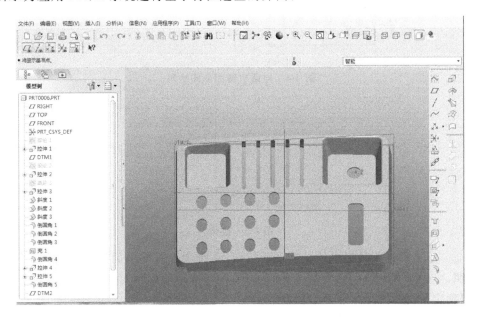

图 4-1　Pro/E 实体造型工作界面

以图 4-2 所示的电话机面板零件为对象，对其在 Pro/E 系统中进行三维模型的造型设计，主要步骤如下。

步骤一　选择菜单栏中的【文件】/【新建】命令建立新的文件，在【类型】栏选择【零件】模块，在【子类型】栏选择【实体】模块，在名称输入栏输入文件名"DHJ"，并取消【使用缺省模板】复选框的勾选，单击【确定】按钮。

步骤二　在【模块】栏选择公制零件设计模板【mmns part solid】，单击【确定】按钮。系统启动零件设计模块，如图 4-3 所示，并在界面顶部显示当前零件文件为"DHJ"。

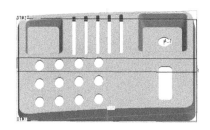

图 4-2　电话机面板

图 4-3　启动 Pro/E 零件设计工作界面

步骤三　选择菜单栏中的【插入】/【拉伸】命令，出现拉伸特征选项，选择【放置】命令，单击【定义】按钮。

步骤四　选择 RIGHT 基准面为草绘平面。系统自动选择 TOP 基准面为草绘视图方向参照，在方向栏设置为【顶】，单击【草绘】按钮。

步骤五　绘制剖面特征，并标注其尺寸，将其修改为图 4-4 所示草图。单击特征工具栏中的剖面确定按钮√，结束剖面绘制。

步骤六　在拉伸高度栏输入实体拉伸高度"164"，并选择【往两侧拉伸】选项，单击按钮√。选择视图列表【标准方向】选项，结果如图 4-5 所示。

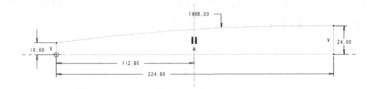

图4-4　电话机侧面草图绘制

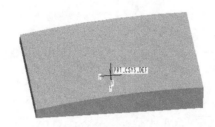

图4-5　拉伸

步骤七　单击特征工具栏中的基准平面按钮，系统弹出基准平面提示对话框，要求选择基准平面参照。选择TOP基准面为基准平面参照，在基准平面提示对话框【平移】输入平移距离"2"，单击【确定】按钮，产生基准面DTM1。

步骤八　选择菜单栏中的【插入】/【拉伸】命令，系统在左下方的信息提示区出现拉伸特征。单击创建拉伸剖面按钮，系统弹出剖面提示对话框，要求选择拉伸剖面草剖平面和草绘视图方向参照。选择DTM1为草绘平面。

步骤九　接受系统默认的草绘视图方向参照。单击【草绘】按钮，接受系统默认的尺寸标注参照。单击绘制矩形按钮，绘制矩形，并将其修改为如图4-6所示。

步骤十　单击特征工具栏中的剖面确定按钮，结束剖面绘制。在拉伸特征选项中选择【贯穿】选项，单击切除按钮。单击信息提示区右侧的拉伸实体参数确定按钮√，结果如图4-7所示。

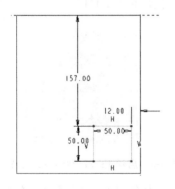

图4-6　大四方孔草绘

图4-7　拉伸大四方孔

步骤十一　绘制另一个小四方孔，依照上面的步骤八到十，结果如图4-8和图4-9所示。

步骤十二　选择【插入】/【拔模】命令，在拔模特征选项中选择实体面P1，按住Shift键，选择实体面P1的边线P2，实体面P1周圈的4个要拔模的垂直面被选上。

步骤十三　选择实体面P1为拔模枢轴。输入拔模角度"15"，按Enter键确认，单击拔模方向切换按钮，使拔模方向朝外，单击信息提示区右侧的拔模参数确定按钮√。单击系统工具栏中的视图列表按钮，选择【标准方向】选项，结果如图4-10和图4-11所示。

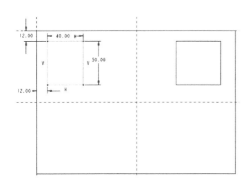

图 4-8　小四方孔草绘

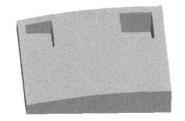

图 4-9　拉伸小四方孔

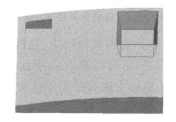

图 4-10　大四方孔拔模

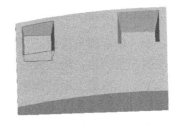

图 4-11　小四方孔拔模

步骤十四　选择菜单栏中的【插入】/【拔模】命令,系统在左下方的信息提示区出现拔模特征选项,选择实体面 P1,选择拔模特征选项中拔模枢轴的【无项目】栏,系统提示选择拔模枢轴,按住鼠标中键旋转视图,选择实体后侧 P2 为拔模枢轴。

步骤十五　在拔模特征选项拔模角度栏输入拔模角度"8",按 Enter 键确认,单击拔模方向切换按钮,单击信息提示区右侧的拔模参数确定按钮√,结果如图 4-12 所示。

步骤十六　选择菜单栏中的【插入】/【拔模】命令,系统在左下方的信息提示区出现拔模特征选项,选择实体面 P1。按住 Shift 键,选择实体面 P1 的边线 P2,实体面 P1 周圈的 4 个要拔模的垂直面被选上。

步骤十七　选择 TOP 基准面为拔模枢轴。输入拔模角度"3",按 Enter 键确认,单击拔模方向切换按钮,单击信息提示区右侧的拔模参数确定按钮√。选择【标准方向】,关闭基准平面显示,结果如图 4-13 和图 4-14 所示。

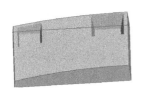

图 4-12　实体面 P1 拔模

图 4-13　实体面 P1 侧面拔模

图 4-14　外形拔模

步骤十八 单击圆角按钮,出现圆角特征选项,系统提示选择要倒圆角的边。按住 Ctrl 键,选择要倒圆角的边。输入圆角半径值"5",单击确定按钮√,结果如图 4-15 所示。

步骤十九 单击圆角按钮,出现圆角特征选项,系统提示选择要倒圆角的边。按住 Ctrl 键,选择实体要倒圆角的边。输入圆角半径值"2",单击确定按钮√,结果如图 4-16 所示。

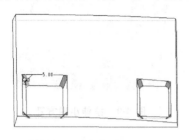

图 4-15 倒圆角半径 5 mm

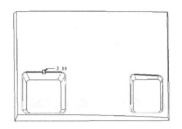

图 4-16 倒圆角半径 2 mm

步骤二十 单击圆角按钮,出现圆角特征选项,系统提示选择要倒圆角的边,按住 Ctrl 键,选择实体要倒圆角的边。输入圆角半径值"12",单击确定按钮√,结果如图 4-17 所示。

步骤二十一 依照上面的步骤完成实体所要的圆角,按住鼠标中键旋转实体模型使其底面朝上,单击抽壳按钮,系统左下方的信息提示区出现抽壳特征选项,系统提示选择要抽壳的面,选择实体底面 P1,输入抽壳厚度"1.5",结果如图 4-18 所示。

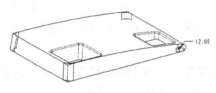

图 4-17 倒圆角半径 12 mm

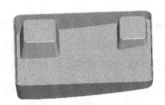

图 4-18 抽壳

步骤二十二 选择【插入】/【拉伸】命令,创建拉伸剖面,选择 TOP 基准面为草绘平面,接受系统默认的草绘视图方向参照,接受系统默认的尺寸标注参照。

步骤二十三 单击绘圆按钮,绘制圆,双击鼠标中键结束绘圆命令。单击尺寸修改按钮,选择尺寸标注,将其修改。单击特征工具栏中的剖面确定按钮√,结束剖面绘制。在拉伸特征选项中选择【贯穿】选项,单击切除按钮,单击信息提示区右侧的拉伸实体参数确定按钮√。选择【标准方向】选项。单击系统工具栏中的【着色】开/关按钮,打开模型着色显示,结果如图 4-19 所示。

步骤二十四 选择【插入】/【拉伸】命令,选择 TOP 基准面为草绘平面,接受系统默认的草绘视图方向参照,接受系统默认的尺寸标注参照。单击绘制矩形按钮,绘制矩形,单击圆角按钮,对矩形的 4 个角进行倒圆角,单击尺寸修改按钮,修改其尺寸,单击确定按钮√,结束剖面绘制。

步骤二十五 在拉伸特征选项中选择【贯穿】选项,单击切除按钮,单击信息提示区右侧的拉伸实体参数确定按钮√,其结果如图 4-20 所示。

步骤二十六 依据上述步骤完成所要的拉伸,其结果如图 4-21 所示。

步骤二十七 选择模型树中要阵列的切剪方孔,选择【编辑】/【阵列】命令,在阵列特征选项中选择尺寸"90"为阵列第一方向尺寸,在弹出的输入栏中输入阵列第一方向尺寸增量"8"(也即方孔间距),在阵列特征选项中的第一方向阵列个数栏中输入"5",结果如图 4-22 所示。

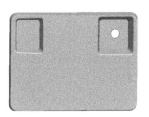

图 4-19　挖圆孔

图 4-20　挖四方孔

图 4-21　切剪方孔

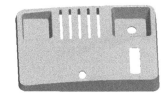

图 4-22　阵列方孔

步骤二十八　选择模型树中要阵列的切剪椭圆孔,选择【编辑】/【阵列】命令,选择尺寸"90"为阵列第一方向尺寸,输入阵列第一方向尺寸增量"24"(也即椭圆孔水平方向间距)。在第一方向阵列个数栏中输入"3",选择阵列特征中的第二方向【无项目】栏,开始定义第二方向阵列参数。选择尺寸"32"为阵列第二方向尺寸,输入阵列第二方向尺寸增量"24"(也即椭圆孔垂直方向间距),在阵列特征选项中的第二方向阵列个数栏中输入"4",如图 4-23 所示。最后完成的模型如图 4-24 所示。

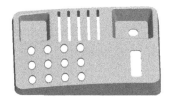

图 4-23　阵列椭圆孔

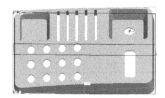

图 4-24　最终模型

2. UG 软件在机械产品设计中的应用

UG NX 包括了世界上最强大、最广泛的机械产品设计应用模块。UG NX 具有高性能的机械设计和制图功能,为制造设计提供了高性能和灵活性,以满足客户设计任何复杂产品的需要。下面以图 4-25 所示的机械实体模型建模过程为例说明 UG NX 软件的应用。

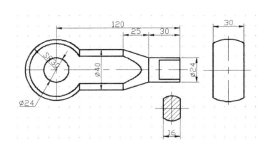

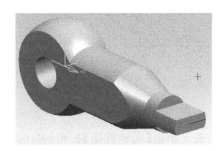

图 4-25　机械实体模型

步骤一　绘制草图 1,如图 4-26 所示。

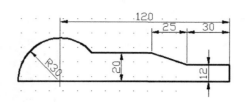

图 4-26　草图 1

图 4-27　旋转

步骤二　旋转剖面，如图 4-27 所示。

（1）选择剖面：选择草图。

（2）选择旋转轴：XC 轴。

（3）定位旋转矢量：选择原点。

（4）给出旋转角度：360°。

步骤三　单击基准平面按钮 ，弹出基准平面对话框，如图 4-28 所示，选择【固定方法】为 ZC-XC 平面，偏置值设置为 15，得到新的基准平面，如图 4-29 所示。

图 4-28　基准平面对话框

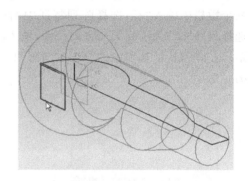

图 4-29　新建基准平面

步骤四　单击修剪体按钮 ，弹出修剪体对话框，如图 4-30 所示，选择要修剪的目标体（选择回转体），选择新建的基准平面为修剪所用的工具面或基准平面，确定修剪方向，如图 4-31 所示。

图 4-30　修剪体对话框

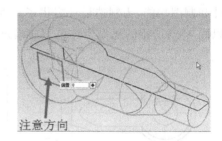

图 4-31　确定修剪方向

步骤五　单击【实例特征】按钮 ，选择镜像特征，添加修剪特征，确定镜像平面为 ZC-XC 平面，得到的实体如图 4-32 所示。

步骤六　在 ZC-XC 平面内画草图 2，如图 4-33 所示。

步骤七　单击【拉伸】按钮，弹出拉伸对话框，单击【差集】按钮 ，设置起始值为 −20，结束

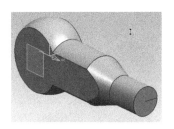

图 4-32　镜像并修剪实体

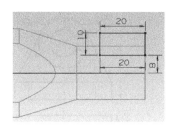

图 4-33　绘制草图 2

值为 20,如图 4-34 所示。

步骤八　选择镜像特征,添加差集特征,确定镜像平面为 XC-YC 平面,单击【确定】按钮,得到的实体如图 4-35 所示。

图 4-34　拉伸对话框

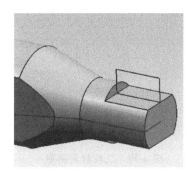

图 4-35　镜像差集效果

步骤九　单击【钻孔】按钮 ,弹出【孔】对话框,选择孔类型,选择放置面,直径设置为 24,深度设置为 40,如图 4-36 所示。选择定位方式点到点,如图 4-37 所示。选择圆弧,选择圆弧的中心,单击【确定】按钮,即可得到图 4-25 所需的三维实体模型。

图 4-36　【孔】对话框

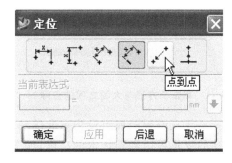

图 4-37　【定位】对话框

3. AutoCAD 2017 软件在三维绘图设计中的应用

根据图 4-38 所示的轴承座视图及尺寸,运用边界、拉伸、拉伸面等命令及布尔运算创建轴承座三维实体模型,掌握复杂模型的建模方法。

步骤一　将三维视图视点设为后视。绘制图 4-39 所示的二维封闭图形。

注意:底板的长方形用矩形命令来画。如果用直线命令来画,则长方形要创建边界。

步骤二　将图 4-39 所示的二维封闭图形进行边界创建,命令行操作如下。

(1)启动【绘图】/【边界】命令,弹出对话框,如图 4-40 所示。

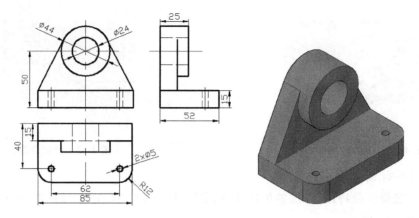

图 4-38　轴承座

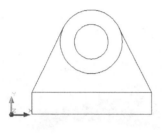

图 4-39　二维封闭图形

图 4-40　【边界创建】对话框

（2）单击对话框中的【拾取点】，然后将鼠标放在底板的长方形与直径为 $\phi44$ 的圆中间的支承板任意空隙处，如图 4-41 所示，单击左键。然后按【确定】按钮，创建边界完成，如图 4-42 所示。

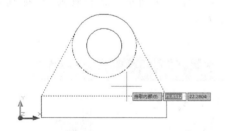

图 4-41　单击长方形与大圆之间的空隙

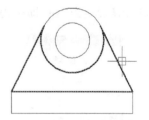

图 4-42　创建边界完成

　　步骤三　将三维视图视点设为东北等轴测。启动【拉伸】命令，分别拉伸两个圆、长方形和上一步创建的支承板边界到指定的高度，如图 4-43 所示。

　　步骤四　启动【差集】命令，单击大圆柱体边缘，按【确定】按钮，再单击小圆柱体，再按【确定】按钮，得到的实体如图 4-44 所示。

图 4-43　拉伸实体效果

图 4-44　差集效果

步骤五　启动【常用】/【可视化】/【三点】命令,创建新的 UCS,使坐标原点与底板角点重合,如图 4-45 所示。

步骤六　启动【常用】/【可视化】/【视觉样式】命令,按【二维线框】按钮,将灰度转换成二维线框模式,如图 4-46 所示。

图 4-45　新建 UCS

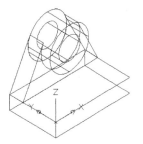

图 4-46　二维线框模式

步骤七　启动【直线】命令,单击长方形的两个角点,画直线,然后启用【偏移】命令,将直线往里偏移 12 mm,得直线 AB;启用【直线】命令,连接长方形两条边的中点,得直线 CD,然后启用【偏移】命令将直线 CD 往两边分别偏移 31 mm。偏移得到的两条直线与直线 AB 的交点 E、F 即为底板上圆孔的圆心,如图 4-47 所示。

步骤八　启动【圆】命令,分别以 E、F 两点为圆心画直径为 $\phi5$ 的圆;启用【拉伸】命令,将两个圆向下拉伸 20 mm,如图 4-48 所示。

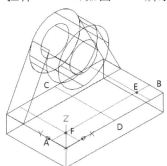

图 4-47　定底板圆孔的圆心

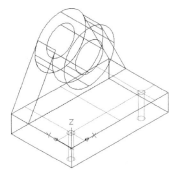

图 4-48　拉伸底板上的小圆柱

步骤九　启动【交集】命令,单击底板,按【确定】按钮,再单击底板上的两个小圆柱,按【确定】按钮,将【视觉样式】调至灰度模式,如图 4-49 所示。

步骤十　启动【实体】/【圆角边】命令,倒圆角半径 $R12$ mm,按【确定】按钮;启动【交集】命令,选择底板、支承板和圆筒,按【确定】按钮;最后把底板定位圆心的线删掉,完成复杂三维实体轴承座绘制,如图 4-50 所示。

图 4-49　底板上的圆柱孔

图 4-50　完成实体构建

◀ **4.3 零件设计在 SolidWorks 中的实现** ▶

本节通过润滑油壶模型的设计来讲述 CAD/CAM 技术在零件设计系统中的具体应用。由于润滑油壶模型的外形复杂,它的设计过程需要由零件的基本的特征造型和曲面造型技术共同完成。草图的绘制环节也比较重要,基本上由圆弧、样条曲线等组成。应用相应的特征造型和曲面特征来生成润滑油壶模型:边界曲面、扫描曲面、放样曲面、平面区域、旋转曲面和倒圆角等,如图 4-51 所示。

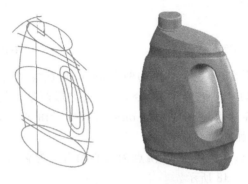

图 4-51 润滑油壶模型

步骤一 新建一个文件,选择【零件】,创建图 4-52 所示的曲线。

步骤二 利用【插入】/【曲面】选项卡中的【边界曲面】按钮 边界曲面(B)...,依次选择曲线 1~3 作为方向 1 上的边界曲线,依次选择曲线 4~7 作为方向 2 上的边界曲线,来创建边界曲面,如图 4-52 所示,该边界曲面为壶身主曲面。

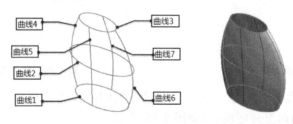

图 4-52 创建边界曲面

步骤三 利用【插入】/【曲面】选项卡中的【扫描曲面】按钮 扫描曲面(S)...,以曲线 8 为轮廓线,以曲线 9 为扫描路径,创建扫描曲面,如图 4-53 所示。

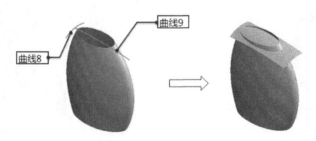

图 4-53 创建扫描曲面

步骤四　利用【插入】/【曲面】选项卡中的【圆角】按钮 🔲 **圆角(U)...**，采用【面圆角】圆角类型，在边界曲面和扫描曲面的相交位置创建半径为 1 的圆角曲面并修剪掉多余部分，如图 4-54 所示。

图 4-54　创建圆角曲面

步骤五　利用【插入】/【曲线】选项卡中的【投影曲线】按钮 🔳 **投影曲线(P)...**，将曲线 10 投影至边界曲面上，投影两次，分别在两侧生成投影曲线 1 和投影曲线 2，如图 4-55 所示。

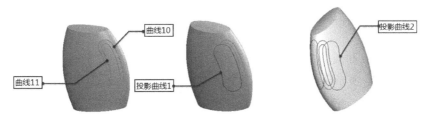

图 4-55　创建投影曲线

步骤六　利用【曲面】选项卡中的【放样曲面】按钮 🔻 **放样曲面(L)...**，依次选择投影曲线 1、曲线 11、投影曲线 2 为放样轮廓线，创建放样曲面，如图 4-56 所示。

步骤七　利用【曲面】选项卡中的【剪裁曲面】按钮 🔧 **剪裁曲面(T)...**，以上一步创建的放样曲面为剪裁工具，剪裁边界曲面。

步骤八　利用【曲面】选项卡中的【缝合曲面】按钮 📑 **缝合曲面(K)...**，将当前所有的曲面缝合为一个曲面（缝合公差为 0.05），如图 4-57 所示。

图 4-56　创建放样曲面

图 4-57　缝合曲面

步骤九　利用【曲面】选项卡中的【圆角】按钮 🔲 **圆角(U)...**，采用【恒定大小】圆角类型，选取修剪后的边界曲面和放样曲面的交线创建圆角曲面，圆角半径为 4，如图 4-58 所示。

步骤十　利用【曲面】选项卡中的【剪裁曲面】按钮 🔧 **剪裁曲面(T)...**，以图 4-59 所示的曲线为剪裁工具剪裁现有曲面。

步骤十一　以上视基准面为草绘平面进入草绘环境，绘制两段圆弧，圆弧的半径分别为

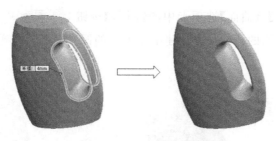

图 4-58　创建圆角曲面

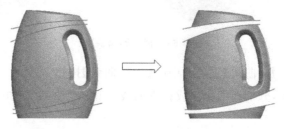

图 4-59　剪裁曲面

11、40,并为圆弧的端点和对应的剪裁边界添加【穿透】几何关系 ,将圆弧端点约束到对应的剪裁边界上,如图 4-60 所示。绘制完毕后退出草绘环境。

　　步骤十二　利用【曲面】选项卡中的【放样曲面】按钮 ⬇ 放样曲面(L)...,以修剪边界为放样轮廓线,以上一步中绘制的两段圆弧为引导线,创建放样曲面,如图 4-61 所示。

图 4-60　绘制圆弧

图 4-61　创建放样曲面

　　步骤十三　用同样的方法,以上视基准面为草绘平面绘制两段圆弧,并以右视基准面为草绘平面绘制另外两段圆弧,然后以剪裁边界为放样轮廓,以绘制的 4 段圆弧为引导线创建放样曲面,如图 4-62 所示。

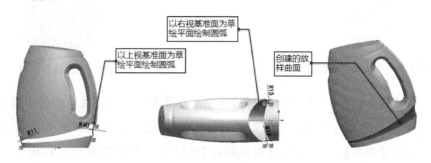

图 4-62　绘制圆弧并创建放样曲面

步骤十四　利用【曲面】选项卡中的【平面区域】按钮 [图标] 平面区域(P)... ，以壶身曲面底部的边线为边界线创建壶底曲面，如图 4-63 所示。

图 4-63　创建壶底曲面

步骤十五　利用【曲面】选项卡中的【旋转曲面】按钮 [图标] 旋转曲面(R)... ，创建壶嘴曲面，如图 4-64 所示。

图 4-64　创建旋转曲面

步骤十六　利用【曲面】选项卡中的【圆角】按钮 [图标] 圆角(U)... ，采用【面圆角】类型创建圆角曲面，如图 4-65 所示。

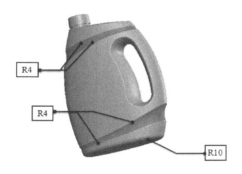

图 4-65　创建圆角曲面

◀ 4.4　装配设计在 SolidWorks 中的实现 ▶

通过千斤顶的装配实例阐明机械 CAD/CAM 在产品装配设计中的应用，如图 4-66 和图 4-67所示。

1. 加入已存在的零件

将已设计完成的零件分别插入装配体环境中。

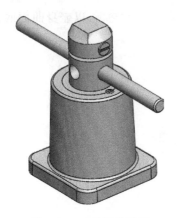

图 4-66　千斤顶装配图

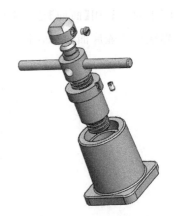

图 4-67　千斤顶爆炸图

（1）将认为是主体的零件首先插入，作为整个装配过程的基体。

步骤一　新建 1 个装配体文件。【新建】→【装配体】→【确定】。

步骤二　在弹出的【开始装配体】属性管理器中单击【浏览】按钮，在弹出的【打开】对话框中选择"底座"文件。

步骤三　单击【打开】对话框中的【打开】按钮，然后在图形区域的适当位置单击，以插入底座。

步骤四　在命令管理器中，单击【装配体】选项卡中的【插入零部件】按钮 📁，在弹出的【插入零部件】属性管理器中单击【浏览】按钮，弹出【打开】对话框。

（2）将其他零部件添加到装配体中。

步骤五　在【打开】对话框中选择"螺套"文件，然后单击对话框中的【打开】按钮。

步骤六　在图形区域的适当位置单击以放置螺套，如图 4-68 所示。

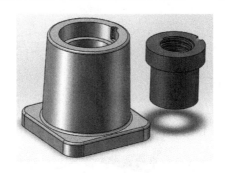

图 4-68　底座和螺套

2. 使用装配约束

步骤七　单击【视图（前导）】工具栏中的【隐藏/显示项目】按钮 👁 ，在弹出的下拉列表中单击【观阅临时轴】按钮 ✎ ，显示零件中的临时轴，如图 4-69 所示。

步骤八　单击命令管理器的【装配体】选项卡中的【配合】按钮 📎，弹出【配合】属性管理器。

步骤九　单击【配合】属性管理器的【标准配合】选项组中的【重合】按钮 ⋏ ，依次单击选择螺套中的平面 1 和底座中的平面 2，如图 4-70 所示，然后单击属性管理器中的【确定】按钮 ✔ 。

步骤十　单击【标准配合】选项组中的【重合】按钮 ⋏ ，依次单击选择螺套中螺钉孔的临时

图 4-69 显示临时轴

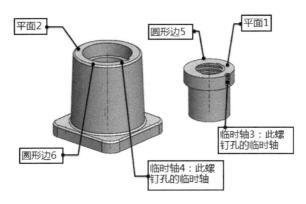

图 4-70 临时轴

轴 3 和底座中螺钉孔的临时轴 4,如图 4-70 所示,然后单击属性管理器中的【确定】按钮 。

步骤十一　单击【标准配合】选项组中的【同轴心】按钮 ,依次单击选择螺套中的圆形边 5(为方便选取,可暂时隐藏底座)和底座中的圆形边 6,如图 4-70 所示,然后连续单击属性管理器中的【确定】按钮 。到此,完成螺套的装配,结果如图 4-71 所示。

步骤十二　使用【插入零部件】命令,插入"螺钉 1"文件。

步骤十三　单击【装配体】选项卡中的【配合】按钮 ,弹出【配合】属性管理器。

步骤十四　使用【配合】属性管理器的【标准配合】选项组中的【重合】按钮 ,为螺钉 1 中的平面 7 和底座中的平面 2 添加【重合】配合关系;使用【标准配合】选项组中的【重合】按钮 ,为螺钉 1 中的临时轴 8 和底座的螺钉孔中的临时轴 4 添加【重合】配合关系,如图 4-72 所示。到此,完成螺钉 1 的装配。

图 4-71 螺套装配结果

步骤十五　使用【插入零部件】命令,插入"螺杆"文件。

步骤十六　单击【装配体】选项卡中的【配合】按钮 ,弹出【配合】属性管理器。

步骤十七　使用【配合】属性管理器的【标准配合】选项组中的【重合】按钮 ,为螺杆中的平面 9 和螺套中的平面 1 添加【重合】配合关系;使用【标准配合】选项组中的【重合】按钮 ,为螺杆中的临时轴 10 和螺套中的临时轴 11 添加【重合】配合关系,如图 4-73 所示。到此,完成螺杆的装配。

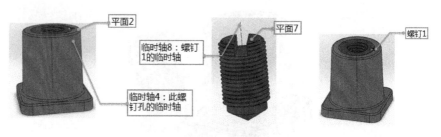

图 4-72　装配螺钉 1

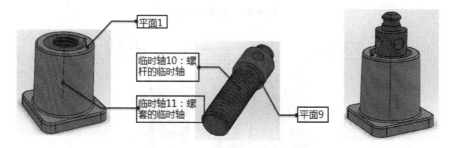

图 4-73　螺杆装配

步骤十八　使用【插入零部件】命令,插入"顶垫"文件。

步骤十九　单击【装配体】选项卡中的【配合】按钮,弹出【配合】属性管理器。

步骤二十　单击【配合】属性管理器的【标准配合】选项组中的【距离】按钮,在此按钮右侧的编辑框中输入距离值6,然后依次单击选择顶垫中螺钉孔的临时轴12和螺杆中的平面13,如图 4-74 所示。

步骤二十一　取消【标准配合】选项组中的【反转尺寸】复选框,保证临时轴12位于平面13的上方,如果临时轴12已经位于平面13的上方,则忽略此步操作。

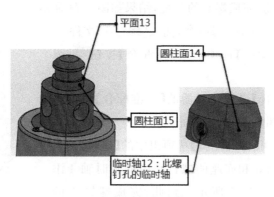

图 4-74　要添加配合关系的对象

步骤二十二　单击【配合】属性管理器中的【确定】按钮,则为临时轴12和平面13添加【距离】配合关系。

步骤二十三　使用【标准配合】选项组中的【同轴心】按钮,为顶垫中的圆柱面14和螺杆中的圆柱面15(见图 4-74)添加【同轴心】配合关系。到此,完成顶垫的装配,装配结果如图 4-75所示。

步骤二十四　使用【插入零部件】命令,插入"螺钉 2"文件。

图 4-75　顶垫装配结果

步骤二十五　单击【装配体】选项卡中的【配合】按钮🔩,弹出【配合】属性管理器。

步骤二十六　使用【配合】属性管理器的【标准配合】选项组中的【重合】按钮⟋,为螺钉 2 中的临时轴 16 和顶垫中螺钉孔的临时轴 12 添加【重合】配合关系;使用【重合】按钮⟋,为螺钉 2 中的平面 17 和顶垫中螺钉孔的平面 18 添加【重合】配合关系,如图 4-76 所示。到此,完成螺钉 2 的装配。

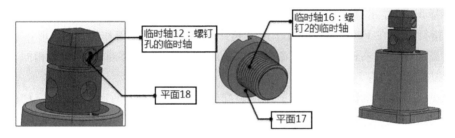

图 4-76　装配螺钉 2

步骤二十七　使用【插入零部件】命令,插入"横杠"文件。

步骤二十八　显示螺杆中被隐藏的右视基准面,如图 4-77 所示。

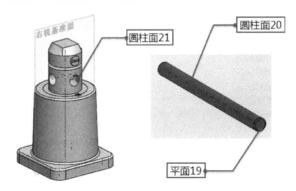

图 4-77　要添加配合关系的对象

步骤二十九　单击【装配体】选项卡中的【配合】按钮🔩,弹出【配合】属性管理器。

步骤三十　使用【配合】属性管理器的【标准配合】选项组中的【距离】按钮⊢⊣,为横杠中的平面 19 和螺杆中的右视基准面添加【距离】配合关系,距离值为 150;使用【标准配合】选项组中的【同轴心】按钮◎,为横杠中的圆柱面 20 和螺杆中的圆柱面 21 添加【同轴心】配合关系,结果如图 4-78 所示。到此,完成横杠的装配。

步骤三十一　隐藏图形区域中的临时轴和基准面。到此,完成千斤顶的装配。

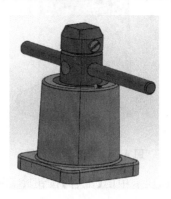

图 4-78　横杠装配结果

3. 测试配合——对配合的情况进行检查

(1) 在 FeatureManager 设计树中观察各项配合,如果已经添加或者删除了配合,或以不同的顺序选择了配合零部件,则装配体中的配合名称可能与所示的有所不同。每个配合均由类型及一个编号标识,并显示有关的零部件名称,如图 4-79 所示。

(2) 将指针移到在 FeatureManager 设计树中列举的配合上稍作停留,图形区域中的相应零部件均被高亮显示。右键可以重新命名配合,方法与重新命名零部件的特征相同。

(3) 模拟运动。

可以通过工具栏中的【模拟】旋转千斤顶装配体零部件之一上的面,如旋转横杠的曲面作为"旋转马达",如图 4-80 所示,并在图形区域中按照运动或者旋转方向拖动指针。

图 4-79　配合编号　　　　　图 4-80　横杠旋转的方向

4. 装配体的爆炸视图

装配体的爆炸视图由一个或多个爆炸步骤组成。

(1) 选择【装配体】工具栏上的【爆炸视图】,三重轴即会出现在零部件上,如图 4-81 所示。

(2) 选择爆炸步骤,并拖动三重轴上的红、蓝、绿色控标,移动相关零件到合适位置或拖动爆炸的零部件上的蓝色控标以编辑爆炸距离。

（3）可以编辑爆炸步骤，或根据需要添加新的步骤；也可通过 ConfigurationManager 树来访问爆炸视图，爆炸结束如图 4-82 所示。

（4）若要解除整个装配体的爆炸，请用右键单击 ConfigurationManager 树顶部的装配体名称，然后选择解除爆炸，如图 4-83 所示。

图 4-81　坐标

图 4-82　爆炸后效果

图 4-83　解除爆炸

思　考　题

选择任意一种机械 CAD/CAM 应用软件，采用最佳方案进行零件造型设计和装配设计。

第 5 章

计算机辅助工程分析技术

CAD 技术的一个重要特征是提供了对新产品模型进行分析、综合与评价的数值求解方法。当把设计对象描述为计算机内部模型后，研究如何使产品达到要求的性能，进行新产品技术指标的优化设计、性能预测和结构分析仿真的数值求解方法称为计算机辅助工程（computer aided engineering，CAE）。这种方法已成为 CAD/CAE/CAPP/CAM 集成中不可缺少的工程计算分析技术。

◀ 5.1 CAD 模型的基本分析处理方法 ▶

CAD 模型是现实世界客观事物的计算机内部描述。在产品设计过程中，通常需要建立概念模型、数学模型、几何模型和物理模型。在设计初始阶段，设计者先根据设计要求、目标和约束条件进行构思，形成一个初步方案，这是对设计对象的高度概括性表示，称为概念模型。数学模型是用数学符号语言描述客观事物的一种模型，反映客观事物主要因素之间的内在联系。以几何形状方式表示出来的客观事物称为几何模型，例如前面介绍的线框模型、表面模型和实体模型。物理模型则是对设计对象以相似方式的真实再现。

CAD 模型的分析处理可分为两大类：解析法和数值法。解析法是以理论力学、材料力学、弹性力学等学科理论结合现代数学的分析方法而建立起来的一种数学方法，适用于分析简单的板壳、轴梁、框架等构件。对于较复杂的工程问题求解，多用各种数值求解方法，称之为数值法。目前，各种常用解析计算方法，如微分方程求解、数值积分、曲线曲面拟合、矩阵运算和程序已规范化和程序化，构成 CAD 常用数学方法库，供设计者使用。

机械新产品的设计都需从有关的工程手册或设计规范中查找各种系数或数据。使用人工查找转变成 CAD 自动进程中的高效处理，需要解决各种参数表和统一数据在计算机内的存储和自动检索问题。在 CAD 技术中，其处理方法有两种：一是把数表、线图编制成应用程序并对其进行查表或计算；二是将数表及线图（经离散化）按数据库存储规定进行文件结构化处理。

1. 数表程序化处理

工程数表有两类：一类是记载设计中所需的各种常数（简单数表），数表中各个数据间彼此独立，无明确的函数关系；另一类是函数表列表，数表中函数值与自变量间存在一定的函数关系，可表示为 $y_i = f(x_i), i = 1, 2, \cdots, n$。式中的 x_i 与 y_i 对应组成列表函数。理论上讲，简单数表和函数表列表均是结构化的数据，一维数表、二维数表或多维数表分别与计算机语言中的数组对应，通过程序对数组赋值和调用来实现数据的获取。函数表列表也可用数组赋值的方法编入程序，但由于函数表列表中函数值与自变量间存在函数关系，因此，当所检索的自变量值不是数表列出的节点值时，不能按简单数表取整的方法进行取值，而必须用插值计算的方法求出其相应值。

数表的函数插值计算：所谓函数插值就是设法构成某个简单函数 $y = g(x)$ 作为列表函数

$f(x)$ 的近似表达式,代替原来的数表。最常用的近似函数类型是代数多项式,对于给定的列表函数,共有 n 对节点,构造一个次数为 $n-1$ 次的代数多项式

$$g(x) = a_0 + a_1 x + a_2 x^2 + \cdots + a_{n-1} x^{n-1} \tag{5-1}$$

满足插值条件 $g(x_i) = y_i (i = 1,2,\cdots,n)$。上式称为 $f(x)$ 在 n 个不相同节点 x_i 的拉格朗日 $n-1$ 次插值式,或简称为 $n-1$ 次插值。上式插值问题的几何意义是:通过给定的几个节点 $(x_1,y_1),(x_2,y_2),\cdots,(x_n,y_n)$,作一条 $n-1$ 次曲线 $g(x)$,近似地表示 $y = f(x)$。这样插值后的函数值应用 $g(x)$ 的值来代替,因此插值的实质问题是如何建造一个既简单又有足够精度的函数 $g(x)$。

（1）线性插值。条件是给定 x,求其函数值 y,如图 5-1(a)所示,步骤如下。

① 选取两个相邻自变量 x_i 与 x_{i+1},满足条件 $x_i < x < x_{i+1}$。

② 过 (x_i,y_i) 及 (x_{i+1},y_{i+1}) 两点连直线,$g(x)$ 代替 $f(x)$。

$$y = \frac{y_{i+1} - y_i}{x_{i+1} - x_i}(x - x_i) + y_i \tag{5-2}$$

整理可得

$$y = \frac{(x - x_{i+1})}{(x_i - x_{i+1})} y_i + \frac{(x - x_i)}{(x_{i+1} - x_i)} y_{i+1} \tag{5-3}$$

线性插值存在一定误差,但当表格中自变量值间隔较小、插值精度又不要求很高时,可满足使用要求。

（2）抛物线插值。如图 5-1(b)所示,在 $f(x)$ 上取三点,过三点作抛物线 $g(x)$,以替代 $f(x)$,可获得比线性插值精度高的结果。如已知插入值为 x,则插值函数为

$$y = \frac{(x - x_i)(x - x_{i+1})}{(x_{i-1} - x_i)(x_{i-1} - x_{i+1})} y_{i-1} + \frac{(x - x_{i-1})(x - x_{i+1})}{(x_i - x_{i-1})(x_i - x_{i+1})} y_i + \frac{(x - x_{i-1})(x - x_i)}{(x_{i+1} - x_{i-1})(x_{i+1} - x_i)} y_{i+1} \tag{5-4}$$

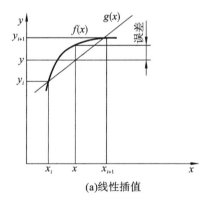 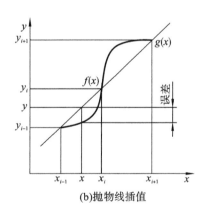

(a)线性插值　　　　　　　　　(b)抛物线插值

图 5-1　线性插值与抛物线插值

（3）$n-1$ 次多项式插值。依照上述方法,作 $n-1$ 次曲线 $g(x)$ 替代原函数 $f(x)$,则 n 个节点的 $n-1$ 次插值函数为

$$y = \sum_{j=1}^{n} \left(\prod_{\substack{i=1 \\ i \neq j}}^{n} \frac{x - x_i}{x_j - x_i} \right) y_i \tag{5-5}$$

当 $n=1$ 时,即为线性插值;当 $n=2$ 时,即为抛物线插值。

（4）二元函数插值。上述三种插值方法适用于一元列表函数,同样,可对二元列表函数进行插值,所不同的是要多次选用一元插值方法。二元列表函数的插值,从几何意义上讲是在三

维空间内选定八个点,通过这些点构造一个曲面 $g(x,y)$,用它表示在这区间内原有的函数 $f(x,y)$,插值后的函数值为 $z_k = g(x_k,y_k)$。插值函数 $g(x,y)$ 有几种不同的构造方法:直线-直线插值、直线-抛物线插值、抛物线-抛物线插值。具体步骤读者可参阅有关文献。

2. 数表的公式化处理

数表的程序化处理虽然可解决数表在 CAD 操作中的存储和检索,但当数表庞大时,存储数据要占用很大的内存,导致程序无法运行,效率低,因此,数表程序化处理仅适用于数据量较小、计算程序使用数表个数不多的情况。对于较大型的计算程序,常用很多的数表,数据量大,数表的处理需采用其他方法。数表公式化处理是一种较好的方法。

所谓数表公式化处理是运用计算方法中曲线拟合(逼近)的方法,构成函数 $g = f(x)$ 来近似地表达数表的函数关系。它只要求拟合曲线从整体上反映出数据变化的一般趋势,而不要求拟合曲线通过全部数据点,避免了前面介绍的插值曲线必须严格通过各节点、插值误差较大的缺点。最小二乘法是曲线拟合最常用的函数逼近法。

最小二乘法拟合的基本思想:对于一批数据点 (x_i, y_i),$(i = 1, 2, \cdots, m)$,设用拟合公式 $y = f(x)$ 来逼近,因此每一节点处的偏差为

$$e_i = f(x_i) - y_i \quad i = 1, 2, \cdots, m \tag{5-6}$$

e_i 的值有正有负。最小二乘法原理就是使所有数据点误差的绝对值平方之和最小,即

$$\sum_{i=1}^{m} e_i^2 = \sum_{i=1}^{m} \left[f(x_i) - y_i \right]^2 \tag{5-7}$$

拟合公式的类型通常选取初等函数,如对数函数、指数函数、代数多项式等。可先把数据画在方格纸上,根据曲线形态来确定函数类型。关于最小二乘法曲线拟合的方法和具体步骤不作赘述。

5.2 有限元分析方法

更大规模的建筑、更快速的交通工具、更精密的大功率设备,要求工程师在设计阶段就能精确地预测产品和工程的技术性能。在计算机技术和数值分析方法支持下发展起来的有限元法为解决复杂的工程分析计算问题提供了有效途径。

1. 有限元法的基本原理和分析方法

有限元法(finite element method,FEM)是一种数值离散化方法,根据变分原理求其数值解,适合于求解结构形状及边界条件比较复杂、材料特性不均匀等力学问题。有限元法的功用列表如表 5-1 所示。

表 5-1 有限元法的功用列表

研究领域	平衡问题	特征值问题	动态问题
结构工程学、结构力学、宇航工程学	梁、板壳结构分析、复杂或混杂结构分析	结构的稳定性、结构固有频率和振型、线性黏弹性阻尼	应力波的传播、结构非周期载荷动态响应、耦合热弹性力学与热黏弹性力学

研 究 领 域	平 衡 问 题	特 征 值 问 题	动 态 问 题
土力学、基础工程学、岩石力学	填筑和开挖问题,边坡稳定性问题,隧洞、船闸等分析,流体在土壤和岩石的稳态渗流	土壤-结构组合物的固有频率和振型	土壤与岩石中非定常渗流、应力波在土壤和岩石中的传播、土壤与结构动态相互作用
热传导学	固、流体稳态温度分布		固体和流体中的瞬态热流
流体动力学、水利工程学	流体的势流、流体的黏性流动、定常渗流、水工结构	湖泊和港湾的波动、刚性或柔性容器中流体的晃动	河口的盐度和污染研究、沉积物推移、流体非定常流动
电磁学	静态电磁场分析		时变、高频电磁场分析

有限元法的基本思想:在对整体结构进行结构分析和受力分析的基础上,对结构加以简化,利用离散化方法把简化后的边界结构看成是由许多有限大小、彼此只在有限个节点处相连接的有限单元的组合体,然后从单元分析入手,先建立每个单元的刚度方程,再用计算机对平衡方程组求解,便可得到问题的数值近似解。

根据未知量求出的先后顺序,有限元法有三种基本解法。

(1)位移法　取节点位移为基本未知量的求解方法。利用位移表示的平衡方程及边界条件先求解位移未知量,然后根据几何方程与物理方程求解应变和应力。

(2)力法　取节点力作为基本未知量的求解方法。

(3)混合法　取一部分节点位移、一部分节点力作为基本未知量的求解方法。

其中采用位移法易于实现计算机自动化计算。

2. 有限元法的基本步骤

有限元法是指已知物体区域边界上的约束条件及所受的作用力,求解区域内各点的位移和应力等的方法。对于具有不同物理性质和数学模型的问题,有限元法的求解基本步骤是相同的,只是具体的公式推导和运算过程不同。有限元法的求解基本步骤是有限元法的核心,对于二维、三维问题中的任何结构都是适用的,具有一般性。不同有限元法问题的主要差别在于划分的单元类型不同,从而影响到单元分析和单元等效节点载荷求法的选择。

用有限元法进行结构分析的步骤是:结构和受力分析→离散化处理→单元分析→整体分析→引入边界条件求解。

1)离散化处理

有限元分析的第一步是要将连续的弹性体离散化为有限多个有限大小的有限单元的组合体,由于实际机械结构常常很复杂,即使对结构进行了简化处理,仍难用单一的单元来描述。因此在对机械结构进行有限元分析时,必须选用合适的单元并进行合理的搭配,对连续结构进行离散化处理,以使所建立的计算力学模型能在工程意义上尽量接近实际结构,提高计算精度。在结构离散化处理中需要解决的主要问题是单元类型选择、单元划分、单元编号和节点编号。

（1）单元类型选择的原则：①所选单元类型应对结构的几何形状有良好的逼近程度；②要真实地反映分析对象的工作状态；③根据计算精度的要求，并考虑计算工作量的大小，恰当选用线性或高次单元。

（2）单元的类型。

①线单元。这是最简单的一维单元，单元内任意点的变形和应力由沿轴线的坐标确定。线单元包含以下三种具体单元。梁单元：用于螺栓、薄壁管件、C形截面构件、角钢或细长薄膜构件（只有薄膜应力和弯应力的情况）等模型；杆单元：用于弹簧、螺杆、预应力螺杆和薄膜桁架等模型；弹簧单元：用于弹簧螺杆、细长构件，或通过刚度等效替代复杂结构等模型。

②板单元。这类单元内任意点的变形和应力由 x,y 两个坐标确定，这是应用最广泛的基本单元，有三角形单元和矩形单元两种。

③多面体单元。它可分为四面体单元和六面体单元。

④薄壳单元。它是由曲面组成的壳单元。

（3）离散化处理。

①任意一个单元的顶点必须同时是相邻单元的顶点。

②尽可能使单元的各边长度相差不要太大。

③在结构的不同部位应采用不同大小的单元来划分。

④对具有不同厚度或由几种材料组合而成的构件，必须把厚度突变线或不同材料的交界线取为单元的分界线，即同一单元只能包含一种厚度或一种材料常数。

⑤如果构件受集中载荷作用，或承受有突变的分布载荷作用，应当把此部位划分得更细，并且此处设置节点。

⑥若结构和载荷都是对称的，则可只取一部分来分析，以减小计算量。

图 5-2 所示为三角形单元划分示例。

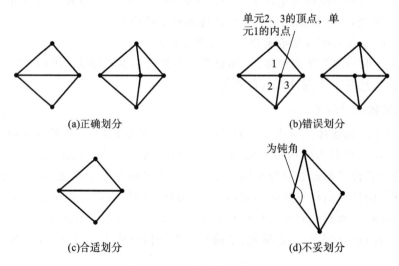

(a)正确划分   (b)错误划分

(c)合适划分   (d)不妥划分

图 5-2　三角形单元划分示例

2）单元分析

（1）单元位移插值函数。

在完成结构的离散化后，就可以分析单元的特性。为了能用节点位移表示单元体内的位移、应变和应力等，在分析连续体的问题时，必须对单元内的位移分布作出一定的假设，即假定位移是坐标的某种简单函数（这种函数称为单元的位移插值函数，简称位移函数）。

位移函数必须具备三个条件：

①位移函数在单元内必须连续，相邻单元之间的位移必须协调；

②位移函数必须包含单元的刚体位移；

③位移函数必须包含单元的常应变状态。

假设三角形单元(见图 5-3)中节点 i、j、k 的坐标分别为 (x_i,y_i)、(x_j,y_j)、(x_k,y_k)，每个节点有两个位移分量，记为 $(\delta_i)=(u_i \quad v_i)^T(i=i,j,k)$，单元内任一点 (x,y) 的位移为 $(f)=(u \quad v)^T$。以 $(\boldsymbol{\delta})^{(e)}=(u_i \quad v_i \quad u_j \quad v_j \quad u_k \quad v_k)^T$ 表示单元节点位移列阵。取线性函数

$$\begin{cases} u = a_1 + a_2 x + a_3 y \\ v = a_4 + a_5 x + a_6 y \end{cases} \tag{5-8}$$

将边界条件代入后可得

$$(\boldsymbol{f}) = \begin{bmatrix} N_i^e,0,N_j^e,0,N_k^e,0 \\ 0,N_i^e,0,N_j^e,0,N_k^e \end{bmatrix} (\boldsymbol{\delta})^{(e)} = (\boldsymbol{N})(\boldsymbol{\delta})^{(e)} \tag{5-9}$$

（2）单元刚度矩阵。

单元刚度矩阵由单元类型决定，可用虚功原理或变分原理等导出，具有以下三种性质：

①对称性　单元刚度矩阵是一个对称阵；

②奇异性　单元刚度矩阵各行(列)的各元素之和为零，因为在无约束条件下单元可做刚体运动；

③单元刚度矩阵主对角线上的元素为正值　因为位移方向与力的方向一致。

上述三角形单元的单元刚度矩阵为

$$(\boldsymbol{K})^{(e)} = \begin{bmatrix} k_{ii}^e,k_{ij}^e,k_{ik}^e \\ k_{ji}^e,k_{jj}^e,k_{jk}^e \\ k_{ki}^e,k_{kj}^e,k_{kk}^e \end{bmatrix} \tag{5-10}$$

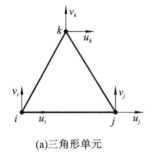

(a)三角形单元

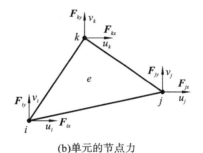

(b)单元的节点力

图 5-3　三角形单元

（3）单元方程的建立。

建立有限元分析单元平衡方程的方法有虚功原理、变分原理等。

下面以虚功原理为例来说明建立有限元分析单元方程的基本方法。图 5-3(b)所示三节点三角形单元的三个节点 i、j、k 上的节点力分别为 (F_{ix}, F_{iy})、(F_{jx}, F_{jy})、(F_{kx}, F_{ky})，记节点力列阵为 $(\boldsymbol{F})^{(e)}$，且

$$(\boldsymbol{F})^{(e)} = (F_{ix} \quad F_{iy} \quad F_{jx} \quad F_{jy} \quad F_{kx} \quad F_{ky})^T$$

设在节点上产生虚位移 $(\boldsymbol{\delta}^*)^{(e)}$，则 $(\boldsymbol{F})^{(e)}$ 所做的虚功为

$$W^{(e)} = [(\boldsymbol{\delta}^*)^{(e)}]^T (\boldsymbol{F})^{(e)}$$

整个单元体的虚应变能为

$$U^{(e)} = \iiint_v (\varepsilon_x^* \sigma_x + \varepsilon_y^* \sigma_y + \gamma_{xy}^* \sigma_{xy}) \mathrm{d}v = \iint (\varepsilon^*)^{\mathrm{T}} (\sigma)^{(e)} t \,\mathrm{d}x\mathrm{d}y$$

式中，t 为单元的厚度。

由虚功原理有

$$W^{(e)} = U^{(e)}$$

将 $W^{(e)}$、$U^{(e)}$ 代入，并经整理可得

$$(\boldsymbol{K})^{(e)} (\boldsymbol{\delta})^{(e)} = (\boldsymbol{F})^{(e)}$$

3）整体分析

显然，由单元分析得出的仅仅是局部的信息，各个单元靠节点连接起来组成整体，因而必须从全局进行分析。就是说，将各个单元的方程（单元刚度矩阵）按照保证节点处位移连续性的方式组合起来，就可得到整个物体的平衡方程（整体刚度矩阵），再按照给定的位移边界条件修改这些方程，使平衡方程组有解。

$$(\boldsymbol{K})(\boldsymbol{\delta}) = (\boldsymbol{F}) \tag{5-11}$$

4）引入边界条件求解

为了求得方程组(5-11)中节点位移的唯一解，必须根据结构与外界支承关系引入边界条件，消除刚度矩阵($\boldsymbol{K}$)的奇异性，使方程组得以求解，进而再将求出的节点位移代入各单元的物理方程，求得各单元的应力。求解结果是单元节点处状态变量的近似值。计算结果的质量将通过与设计准则提供的允许值相比较来评价，并确定是否需要重复计算。

5）有限元法基本原理和步骤举例

如图 5-4(a)所示为一平面桁架，已知 $P = 1000\ \mathrm{kN}, L = 1\ \mathrm{m}, E = 210\ \mathrm{GPa}, A_1 = 6.0 \times 10^{-4}\ \mathrm{m}^2, A_2 = 6.0 \times 10^{-4}\ \mathrm{m}^2, A_3 = 6\sqrt{2} \times 10^{-4}\ \mathrm{m}^2$，求节点位移与反力。

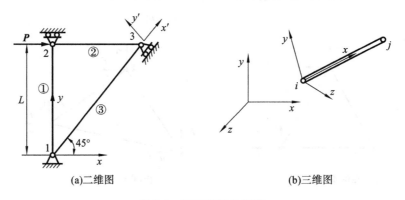

(a)二维图　　　　　　　　(b)三维图

图 5-4　平面桁架示例图

解：对于单元①：$\theta = 90^\circ, \cos\theta = 0, \sin\theta = 1$。

$$\boldsymbol{K}_1 = \frac{EA_1}{L_1} \begin{pmatrix} \cos^2\theta & \cos\theta\sin\theta & -\cos^2\theta & -\cos\theta\sin\theta \\ \cos\theta\sin\theta & \sin^2\theta & -\cos\theta\sin\theta & -\sin^2\theta \\ -\cos^2\theta & -\cos\theta\sin\theta & \cos^2\theta & \cos\theta\sin\theta \\ -\cos\theta\sin\theta & -\sin^2\theta & \cos\theta\sin\theta & \sin^2\theta \end{pmatrix}$$

$$= \frac{EA_1}{L_1} \begin{pmatrix} 0 & 0 & 0 & 0 \\ 0 & 1 & 0 & -1 \\ 0 & 0 & 0 & 0 \\ 0 & -1 & 0 & 1 \end{pmatrix}$$

$$= (1260 \times 10^5) \begin{pmatrix} 0 & 0 & 0 & 0 \\ 0 & 1 & 0 & -1 \\ 0 & 0 & 0 & 0 \\ 0 & -1 & 0 & 1 \end{pmatrix}$$

对于单元②：$\theta = 0°, \cos\theta = 1, \sin\theta = 0$。

$$\boldsymbol{K}_2 = \frac{EA_2}{L_2} \begin{pmatrix} \cos^2\theta & \cos\theta\sin\theta & -\cos^2\theta & -\cos\theta\sin\theta \\ \cos\theta\sin\theta & \sin^2\theta & -\cos\theta\sin\theta & -\sin^2\theta \\ -\cos^2\theta & -\cos\theta\sin\theta & \cos^2\theta & \cos\theta\sin\theta \\ -\cos\theta\sin\theta & -\sin^2\theta & \cos\theta\sin\theta & \sin^2\theta \end{pmatrix}$$

$$= \frac{EA_2}{L_2} \begin{pmatrix} 1 & 0 & -1 & 0 \\ 0 & 0 & 0 & 0 \\ -1 & 0 & 1 & 0 \\ 0 & 0 & 0 & 0 \end{pmatrix}$$

$$= (1260 \times 10^5) \begin{pmatrix} 1 & 0 & -1 & 0 \\ 0 & 0 & 0 & 0 \\ -1 & 0 & 1 & 0 \\ 0 & 0 & 0 & 0 \end{pmatrix}$$

对于单元③：$\theta = 45°, \cos\theta = \dfrac{\sqrt{2}}{2}, \sin\theta = \dfrac{\sqrt{2}}{2}$。

$$\boldsymbol{K}_3 = \frac{EA_3}{L_3} \begin{pmatrix} \cos^2\theta & \cos\theta\sin\theta & -\cos^2\theta & -\cos\theta\sin\theta \\ \cos\theta\sin\theta & \sin^2\theta & -\cos\theta\sin\theta & -\sin^2\theta \\ -\cos^2\theta & -\cos\theta\sin\theta & \cos^2\theta & \cos\theta\sin\theta \\ -\cos\theta\sin\theta & -\sin^2\theta & \cos\theta\sin\theta & \sin^2\theta \end{pmatrix}$$

$$= \frac{EA_3}{2L_3} \begin{pmatrix} 1 & 1 & -1 & -1 \\ 1 & 1 & -1 & -1 \\ -1 & -1 & 1 & 1 \\ -1 & -1 & 1 & 1 \end{pmatrix}$$

$$= (1260 \times 10^5) \begin{pmatrix} 0.5 & 0.5 & -0.5 & -0.5 \\ 0.5 & 0.5 & -0.5 & -0.5 \\ -0.5 & -0.5 & 0.5 & 0.5 \\ -0.5 & -0.5 & 0.5 & 0.5 \end{pmatrix}$$

系统结构总体刚度矩阵为

$$\boldsymbol{K} = (1260 \times 10^5) \begin{pmatrix} 0.5 & 0.5 & 0 & 0 & -0.5 & -0.5 \\ 0.5 & 1.5 & 0 & -1 & -0.5 & -0.5 \\ 0 & 0 & 1 & 0 & -1 & 0 \\ 0 & -1 & 0 & 1 & 0 & 0 \\ -0.5 & -0.5 & -1 & 0 & 1.5 & 0.5 \\ -0.5 & -0.5 & 0 & 0 & 0.5 & 0.5 \end{pmatrix}$$

则系统结构有限元方程为

$$(1260 \times 10^5) \begin{bmatrix} 0.5 & 0.5 & 0 & 0 & -0.5 & -0.5 \\ 0.5 & 1.5 & 0 & -1 & -0.5 & -0.5 \\ 0 & 0 & 1 & 0 & -1 & 0 \\ 0 & -1 & 0 & 1 & 0 & 0 \\ -0.5 & -0.5 & -1 & 0 & 1.5 & 0.5 \\ -0.5 & -0.5 & 0 & 0 & 0.5 & 0.5 \end{bmatrix} \begin{bmatrix} u_1 \\ v_1 \\ u_2 \\ v_2 \\ u_3 \\ v_3 \end{bmatrix} = \begin{bmatrix} F_{1x} \\ F_{1y} \\ F_{2x} \\ F_{2y} \\ F_{3x} \\ F_{3y} \end{bmatrix}$$

载荷与位移边界条件为：$u_1 = v_1 = v_2 = 0, v'_3 = 0, F_{2x} = P$，代入矩阵方程得

$$(1260 \times 10^5) \begin{bmatrix} 0.5 & 0.5 & 0 & 0 & -0.5 & -0.5 \\ 0.5 & 1.5 & 0 & -1 & -0.5 & -0.5 \\ 0 & 0 & 1 & 0 & -1 & 0 \\ 0 & -1 & 0 & 1 & 0 & 0 \\ -0.5 & -0.5 & -1 & 0 & 1.5 & 0.5 \\ -0.5 & -0.5 & 0 & 0 & 0.5 & 0.5 \end{bmatrix} \begin{bmatrix} 0 \\ 0 \\ u_2 \\ 0 \\ u_3 \\ v_3 \end{bmatrix} = \begin{bmatrix} F_{1x} \\ F_{1y} \\ P \\ F_{2y} \\ F_{3x} \\ F_{3y} \end{bmatrix}$$

由 $v'_3 = (-\sin\theta \quad \cos\theta) \begin{bmatrix} u_3 \\ v_3 \end{bmatrix} = \left(-\dfrac{\sqrt{2}}{2} \quad \dfrac{\sqrt{2}}{2}\right) \begin{bmatrix} u_3 \\ v_3 \end{bmatrix} = 0$ 可得

$$u_3 = v_3$$

由 $F'_{3x} = (\cos\theta \quad \sin\theta) \begin{bmatrix} F_{3x} \\ F_{3y} \end{bmatrix} = \left(\dfrac{\sqrt{2}}{2} \quad \dfrac{\sqrt{2}}{2}\right) \begin{bmatrix} F_{3x} \\ F_{3y} \end{bmatrix} = 0$ 可得

$$F_{3y} = -F_{3x}$$

简化矩阵方程得

$$(1260 \times 10^5) \begin{bmatrix} 1 & -1 & 0 \\ -1 & 1.5 & 0.5 \\ 0 & 0.5 & 0.5 \end{bmatrix} \begin{bmatrix} u_2 \\ u_3 \\ u_3 \end{bmatrix} = \begin{bmatrix} P \\ F_{3x} \\ -F_{3x} \end{bmatrix}$$

求解可得

$$F_{3x} = -1260 \times 10^5 u_3 \quad u_2 = 0.01191 \quad u_3 = 0.003968$$

将位移代入矩阵方程可得反力

$$\begin{bmatrix} F_{1x} \\ F_{1y} \\ F_{2y} \\ F_{3x} \\ F_{3y} \end{bmatrix} = 1260 \times 10^5 \begin{bmatrix} 0 & -0.5 & -0.5 \\ 0 & -0.5 & -0.5 \\ 0 & 0 & 0 \\ -1 & 1.5 & 0.5 \\ 0 & 0.5 & 0.5 \end{bmatrix} \begin{bmatrix} u_2 \\ u_3 \\ v_3 \end{bmatrix} = \begin{bmatrix} -500 \\ -500 \\ 0 \\ -500 \\ 500 \end{bmatrix}$$

如果杆单元位于三维空间(见图 5-4(b))，同样可以采用前面的坐标变换方法建立局部坐标系中单元刚度矩阵与整体坐标系中单元刚度矩阵之间的关系。

在局部坐标中有三个自由度：u'、v'、w'，其中 $v' = w' = 0$。在整体坐标中有三个自由度：u、v、w。

杆单元轴线在整体坐标系中的方向余弦为

$$\cos\alpha = \frac{x_j - x_i}{L} \quad \cos\beta = \frac{y_j - y_i}{L} \quad \cos\gamma = \frac{z_j - z_i}{L}$$

则局部坐标与整体坐标之间的变换关系为

$$u'_i = u_i\cos\alpha + v_i\cos\beta + w_i\cos\gamma$$

$$u'_j = u_j\cos\alpha + v_j\cos\beta + w_j\cos\gamma$$

写成矩阵形式为

$$
\begin{bmatrix} u'_i \\ u'_j \end{bmatrix} = \begin{pmatrix} \cos\alpha & \cos\beta & \cos\gamma & 0 & 0 & 0 \\ 0 & 0 & 0 & \cos\alpha & \cos\beta & \cos\gamma \end{pmatrix} \begin{Bmatrix} u_i \\ v_i \\ w_i \\ u_j \\ v_j \\ w_j \end{Bmatrix}
$$

杆单元的坐标变换矩阵为

$$
\boldsymbol{T} = \begin{pmatrix} \cos\alpha & \cos\beta & \cos\gamma & 0 & 0 & 0 \\ 0 & 0 & 0 & \cos\alpha & \cos\beta & \cos\gamma \end{pmatrix}
$$

整体坐标中杆单元的刚度矩阵为

$$
\boldsymbol{K} = \boldsymbol{T}^{\mathrm{T}} \boldsymbol{K}' \boldsymbol{T}
$$

而 $\boldsymbol{K}' = \dfrac{EA}{L} \begin{pmatrix} 1 & -1 \\ -1 & 1 \end{pmatrix}$，所以

$$
\boldsymbol{K} = \frac{EA}{L} \begin{bmatrix} \cos^2\alpha & \cos\alpha\cos\beta & \cos\alpha\cos\gamma & -\cos^2\alpha & -\cos\alpha\cos\beta & -\cos\alpha\cos\gamma \\ \cos\alpha\cos\beta & \cos^2\beta & \cos\beta\cos\gamma & -\cos\beta\cos\alpha & -\cos^2\beta & -\cos\beta\cos\gamma \\ \cos\alpha\cos\gamma & \cos\beta\cos\gamma & \cos^2\gamma & -\cos\alpha\cos\gamma & -\cos\beta\cos\gamma & -\cos^2\gamma \\ -\cos^2\alpha & -\cos\beta\cos\alpha & -\cos\alpha\cos\gamma & \cos^2\alpha & \cos\alpha\cos\beta & \cos\alpha\cos\gamma \\ -\cos\alpha\cos\beta & -\cos^2\beta & -\cos\beta\cos\gamma & \cos\alpha\cos\beta & \cos^2\beta & \cos\beta\cos\gamma \\ -\cos\alpha\cos\gamma & -\cos\beta\cos\gamma & -\cos^2\gamma & \cos\alpha\cos\gamma & \cos\beta\cos\gamma & \cos^2\gamma \end{bmatrix}
$$

整体坐标中杆单元的力矩阵为

$$
\boldsymbol{F} = \boldsymbol{T}^{\mathrm{T}} \boldsymbol{F}'
$$

3. 有限元法的前置处理

有限元法的前置处理包括：选择单元类型，划分单元，确定各节点和单元的编号及坐标，确定载荷类型、边界条件、材料性质等。有限元法分析计算时，依据分析对象不同，采用的单元类型也不同。分析对象划分成什么样的单元，要根据结构本身的形状特点、综合载荷、约束等情况全面考虑而定，所选单元类型应能逼近实际受力状态，单元形状应能接近实际边界轮廓。

网格划分单元非常重要，有限元分析的精度取决于网格划分的密度。太密会大大增加计算时间，计算精度却不会成比例地提高，通常采取将网格在高应力区局部加密的办法。

4. 有限元法的后置处理

有限元分析结束后，由于节点数目多，输出数据量非常庞大，如静态受力分析后节点的位移量、固有频率计算后的振型等。

如果靠人工分析这些数据，不仅工作量巨大，容易出错，而且很不直观。通常使用后置处理器自动处理分析结果，并根据操作者的要求形象化为变形图、应力等值线图、应力应变彩色浓淡图、矢量图及振型图等，直观显示载荷作用下零件的变形，零件各部分的应力、应变或温度场的分布等。如图 5-5 所示为各种后置处理结果图。

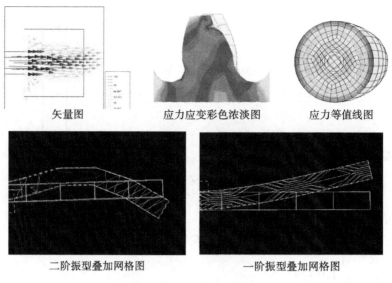

矢量图　　　　　　应力应变彩色浓淡图　　　　　应力等值线图

二阶振型叠加网格图　　　　　　　　　一阶振型叠加网格图

图 5-5　后置处理结果图

5.3　优化设计方法

优化设计(optimal design)是随 CAD 技术的应用而迅速发展起来的一门现代设计学科。它已成为企业在进行新产品设计时,追求具有良好性能、满足生产工艺性要求、使用可靠安全、经济性能好等指标的有效方法。

1. 优化设计的基本概念和术语

优化设计是在一定的技术和物质条件下,寻求一个技术经济指标最佳的设计方案。如飞行器和宇航结构设计,满足性能的前提下要求重量最轻,空间运载工具的轨迹最优;连杆、凸轮、齿轮等机械零部件设计,实现功能的基础上结构最佳;机械加工工艺过程设计,限定设备条件下生产率最高等。

优化设计要解决的关键问题:一是建立工程问题优化设计数学模型,即确定优化设计三要素(设计变量、目标函数、约束条件);二是选择适用的优化方法,比如数值迭代计算方法。

1) 设计变量

设计中,常用一组对设计性能指标有影响的基本参数表示某个设计方案。有些基本参数可以根据工艺、安装和使用要求预先确定,另一些则需要在设计过程中进行选择。需要在设计过程中进行选择的基本参数被称为设计变量。机械设计常用的设计变量有几何外形尺寸(如长、宽、高等)、材料性质、速度、加速度、效率、温度等。

一项设计,若有 n 个设计变量 $x_1, x_2, \cdots, x_n$,可以按一定次序排列,用 n 维列向量来表示,即 $\boldsymbol{X} = (x_1 \quad x_2 \cdots x_n)^{\mathrm{T}}$。以 n 个设计变量为坐标轴组成的空间被称为设计空间,用 R_n 表示设计空间,所有设计方案的集合表示为 $X \in R_n$。

2) 目标函数

根据特定目标建立起来、以设计变量为自变量的可计算函数称目标函数。它是设计方案评价标准,也称评价函数。优化设计的过程实际上是寻求目标函数最小值或最大值的过程,如质量最轻、体积最小。因为求目标函数的最大值可转换为求负的最小值,故目标函数统一描述为

$$F(\boldsymbol{X}) = F(x_1, x_2, \cdots, x_n) \Rightarrow \min$$

目标函数作为评价方案的一个标准,有时不一定有明显的物理意义和量纲,它只是设计指标的一个代表值。正确建立目标函数是优化设计中很重要的一步工作,既要反映用户的要求,又要直接、敏感地反映设计变量的变化,对优化的质量和计算的难易都有一定影响。

目标函数与设计变量之间的关系可以用几何图形(见图 5-6)形象地表示。

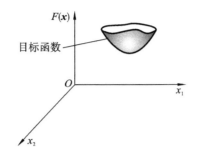

图 5-6　目标函数与设计变量关系图

单变量时,目标函数是二维平面上的一条曲线;双变量时,目标函数是三维空间的一个曲面,曲面上具有相同目标函数值的点构成了曲线,该曲线称为等值线(或等高线)。若有 n 个设计变量,目标函数是 $n+1$ 维空间中的超曲面,难以用平面图形表示。

表 5-2 所示为常用优化设计的可选优化目标。

表 5-2　常用优化设计的可选优化目标

项　　目	优 化 目 标	示　　例
运动学优化设计问题	运动误差(轨迹曲线误差、位置角误差等),点的速度、角速度、加速度	蟹爪式装载机扒取机构优化设计,其设计目标可取为:①曲柄直线导杆复演轨迹曲线误差最小;②扒爪位置角误差最小
动力学优化设计问题	力的参数(主动力、约束反力、力矩等)、能量、功率、惯性力、重力、不平衡量等	港口起重机四杆变幅机构优化设计,其设计目标可取为:①变幅中的力矩最小;②机器的质量最小
产品及零部件优化设计	质量、体积、效率、温升、可靠性、承载能力(强度、刚度、耐磨性)、寿命、成本(价格)等	动压,滑动轴承优化设计,其设计目标可取为:①功耗最小;②温升最低;③流量最小;④功耗和温升之和最小
系统动态性能优化设计	系统的动态响应(如速度、加速度等)、动载荷、噪声、模态柔度、模态阻尼比等	齿轮传动系统动态性能优化设计,其设计目标可取为:①一个周期内加速度均方根最小;②齿轮传动的动载荷最小

项　　目	优　化　目　标	示　　例
结构参数化设计和形状优化设计	结构件的质量最小,边界上的最大应力最小,应力集中系数最小等	汽车起重机箱形伸缩臂的结构优化设计,其设计目标可取为,在满足使用要求的情况下,臂架的质量最小
切削加工工艺过程优化设计	加工成本、生产率、金属切除率、刀具寿命、两次更换刀具之间所能生产的零件数等	车削加工工艺参数优化设计,其设计目标可取为:①加工成本最低;②加工生产效率最高。磨削加工工艺参数优化设计,其设计目标可取为每单位切削宽度上的金属切除率最大

3) 约束条件

在实际设计中,设计变量不能任意选择,必须满足某些规定功能和其他要求。为实现一个可接受的设计而对设计变量取值施加的种种限制称为约束条件。约束条件是对设计变量的一个有定义的函数,并且各个约束条件之间不能彼此矛盾。

约束条件一般分为边界约束和性能约束。边界约束:又称区域约束,表示设计变量的物理限制和取值范围,如齿轮的齿宽系数在某一范围取值,标准齿轮的齿数大于等于 17;性能约束:由某种设计性能或指标推导出来的一种约束条件,这类约束条件,一般总可以设计规范中的设计公式或通过物理学和力学的基本分析导出的约束函数来表示,如对零件的工作应力、变形、振动频率、输出扭矩波动最大值的限制。

4) 数值迭代计算方法

数值迭代是计算机常用的计算方法,也是优化设计的基本数值分析方法。数值迭代是用某个固定公式代入初值后进行反复计算,每次计算后,将计算结果代回公式,使之逐步逼近理论上的精确解,当满足精度要求时,得出与理论解近似的计算结果。

迭代格式的一般式为

$$x^{(k+1)} = x^{(k)} + a^{(k)} d^{(k)}$$

式中:$x^{(k+1)}$——从第 k 次设计点出发,以 $a^{(k)}$ 步长、沿 $d^{(k)}$ 方向进行搜索所得的第 $k+1$ 次设计点,也就是第 $k+1$ 步迭代点;

$x^{(k)}$——第 k 步迭代点,即优化过程中所得的第 k 次设计点;

$a^{(k)}$——从第 k 次设计点出发,沿 $d^{(k)}$ 方向进行搜索的步长;

$d^{(k)}$——从第 k 次设计点出发的搜索方向。

迭代过程中,方向、步长的选择与变化随所采用的优化方法而不同。各设计点是通过同样的运算步骤取得的,因而易于在计算机上实现。图 5-7 所示为搜索迭代过程示意图。

2. 优化设计的数学模型

建立数学模型是进行优化设计的关键,其前提是对实际问题的特征或本质加以抽象,再将其表现为数学形态。数学模型可描述为:

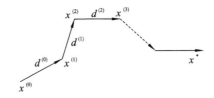

图 5-7 搜索迭代过程示意图

求 $\boldsymbol{X} = (x_1 \quad x_2 \quad \cdots \quad x_n)$，使 $\min F(\boldsymbol{X})$ 满足约束条件

$$\begin{cases} g_i(\boldsymbol{X}) \geqslant 0 (i = 1, 2, \cdots, m) \\ h_j(\boldsymbol{X}) = 0 (j = m+1, m+2, \cdots, p) \end{cases}$$

求得目标函数最小的一组设计变量

$$\boldsymbol{X}^* = (x_1^* \quad x_2^* \quad \cdots \quad x_n^*)^{\mathrm{T}}$$

目标函数值

$$F^* = F(\boldsymbol{X}^*)$$

建立数学模型的一般过程：

（1）分析设计问题，初步建立数学模型 弄清问题本质，明确要达到的目标和可能的条件，选用或建立适当的数学、物理、力学模型来描述问题。

（2）根据工程实际，确定设计变量 设计变量越多，设计自由度就越大，越容易得到理想的结果。但随着设计变量的增多，问题也越复杂。

（3）根据工程实际，提出约束条件 约束条件的数目多，则可行的设计方案数目就减少，优化设计的难度增加。

（4）对照设计实例，修正数学模型 建立初步模型后，应与设计问题加以对照，并对函数值域、数学精确度和设计性质等方面进行分析，用逐步逼近的方法对模型加以修正。

（5）正确求解计算，估价方法误差 如果数学模型的表达式比较复杂，无法求出精确解，则需采用近似的数值计算方法，此时应对该方法的误差情况有一个清醒的估计和评价。

（6）结果分析，审查模型灵敏性 数学模型求解后还应进行灵敏度分析，即在优化结果的最优点处，稍稍改变某些条件，检查目标函数和约束条件的变化程度。若变化大，则说明灵敏性高，需要重新修正数学模型。

3. 常用优化设计方法

常用优化设计方法如图 5-8 所示。

1）一维搜索法

一维搜索法是优化方法中最基本、最常用的方法，多维问题都可以化为一维问题处理。所谓搜索，就是一步一步地查寻，直至函数的近似极值点处。基本原理：区间消去法原则，即把搜索区间 $[a, b]$ 分成 3 段或 2 段，通过判断弃除非极小段，从而使区间逐步缩小，直至达到要求精度为止，取最后区间中的某点作为近似极小点。

对已知极小点搜索区间的实际问题可直接调用 0.618 法、分数法或二次插值法求解。0.618 法步骤简单，不用导数，适用于低维优化或函数不可求导数或求导数有困难的情况，对连续或非连续函数均能获得较好效果，实际应用范围较广，但效率偏低。二次插值法易于计算极小点，搜索效率较高，适用于高维优化或函数连续可求导数的情况，但程序复杂，可靠性比 0.618 法略差。其中 0.618 法是根据黄金分割原理设计的，所以又称为黄金分割法。

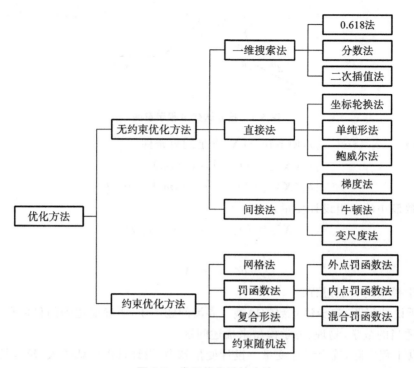

图 5-8　常用优化设计方法

2）坐标轮换法

坐标轮换法基本思想是将一个多维的无约束问题转化为一系列一维优化问题来解决，又称降维法。基本步骤为从一个初始点出发，选择其中一个变量沿相应的坐标轴方向进行一维搜索，而将其他变量固定。当沿该方向找到极小点之后，再从这个新的点出发，对第二个变量采用相同的办法进行一维搜索。如此轮换，直到满足精度要求为止。若首次迭代即出现目标函数值不下降，则应取相反方向搜索。其特点为不用求导数，编程简单，适用于维数小于 10 或目标函数无导数、不易求导数的情况。搜索效率低，可靠性较差。图 5-9 所示为坐标轮换法图。

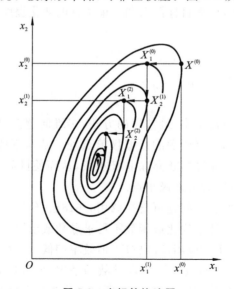

图 5-9　坐标轮换法图

3）单纯形法

单纯形法是由 W. Spendly 等人于 1962 年提出来并由 J. A. Nelder 和 R. Mead 做了若干改进而成的一种有效的搜索方法。其基本思想是在 n 维设计空间中，取 $n+1$ 个点，构成初始单纯形，求出各顶点所对应的函数值，并按大小顺序排列。去除函数值最大点 X_{max}，求出其余各点的中心 X_{cen}，并在 X_{max} 与 X_{cen} 的连线上求出反射点及其对应的函数值，再利用"压缩"或"扩张"等方式寻求函数值较小的新点，用以取代函数值最大的点而构成新单纯形。如此反复，直到满足精度要求为止。单纯形法考虑到设计变量的交互作用，是求解非线性多维无约束优化问题的有效方法之一，但所得结果为相对优化解。

4）鲍威尔法

鲍威尔法是直接利用函数值来构造共轭方向的一种共轭方向法。其基本思想是不对目标函数作求导数计算，仅利用迭代点的目标函数值构造共轭方向。鲍威尔法收敛速度快，是直接搜索法中比坐标轮换法使用效果更好的一种算法，适用于维数较高的目标函数，但编程较复杂。图 5-10 所示为鲍威尔法优化示例图。

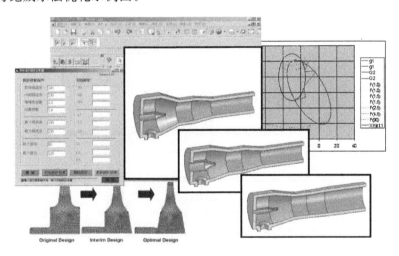

图 5-10　鲍威尔法优化示例图

5）梯度法

梯度法也称一阶导数法，其基本思想是以目标函数值下降最快的负梯度方向作为寻优方向求极小值。算法比较古老，但可靠性好，能稳定地使函数值不断下降，适用于目标函数存在一阶偏导数、精度要求不高的情况，缺点是收敛速度缓慢。图 5-11 所示为梯度法优化示例图。

6）牛顿法

牛顿法基本思想是首先把目标函数近似表示为泰勒展开式，并只取到二次项。然后，不断地用二次函数的极值点近似逼近原函数的极值点，直到满足精度要求为止。一定条件下收敛速度快，适用于目标函数为二次函数的情况，计算量大，可靠性较差。图 5-12 所示为牛顿法优化示例图。

7）变尺度法

变尺度法又称拟牛顿法，其基本思想是设法构造一个对称矩阵 $(A)^{(k)}$ 来代替目标函数的二阶偏导数矩阵的逆矩阵 $[(H)^{(k)}]^{-1}$，并在迭代过程中使 $(A)^{(k)}$ 逐渐逼近 $[(H)^{(k)}]^{-1}$，减少了计算量，又仍保持牛顿法收敛快的优点，是求解高维数（10～50）无约束问题的最有效算法。图 5-13 所示为变尺度法优化示例图。

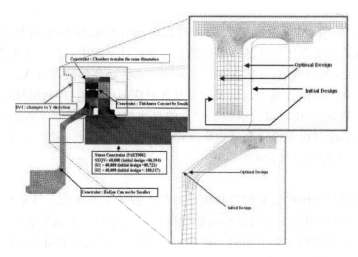

图 5-11　梯度法优化示例图

图 5-12　牛顿法优化示例图

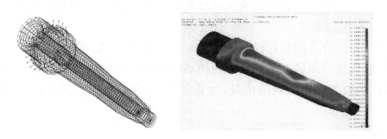

图 5-13　变尺度法优化示例图

8）网格法

网格法基本思想是在设计变量的界限区内作网格，逐一计算网格点上的约束函数和目标函数值，舍去不满足约束条件的网格点，而对满足约束条件的网格点比较目标函数值的大小，从中求出目标函数值为最小的网格点,这个点就是所要求的最优解的近似解。网格法算法简单,对目标函数无特殊要求,多维问题计算量较大,适用于具有离散变量(变量个数不大于 8 个)的小型约束优化问题。图 5-14 所示为网格法优化示例图。

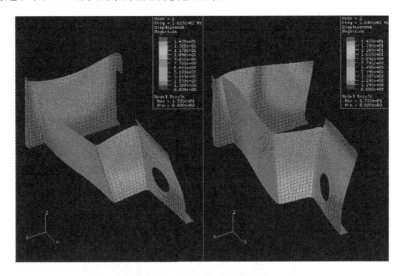

图 5-14　网格法优化示例图

9)复合形法

复合形法是一种直接在约束优化问题的可行域内寻求约束最优解的直接解法,其基本思想是先在可行域内产生一个具有大于 $n+1$ 个顶点的初始复合形,然后对其各顶点函数值进行比较,判断目标函数值的下降方向,不断地舍弃最差点而代之以满足约束条件且使目标函数值下降的新点。如此重复,使复合形不断向最优点移动和收缩,直到满足精度要求为止。复合形法不需计算目标函数的梯度及二阶导数矩阵,计算量少,简明易行,工程设计中较实用,不适于变量个数较多(大于 15 个)和有等式约束的问题。图 5-15 所示为复合形法优化示例图。

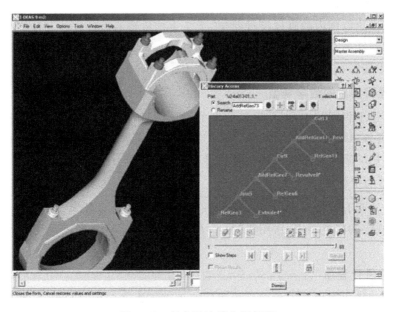

图 5-15　复合形法优化示例图

10）罚函数法

罚函数法是一种将约束优化问题转化为一系列无约束优化问题的间接解法，又称序列无约束极小化方法。其基本思想是将约束优化问题中的目标函数加上反映全部约束函数的对应项（惩罚项），构成一个无约束的新目标函数，即罚函数。

罚函数法根据新函数构造方法分为以下三种。

（1）外点罚函数法　罚函数可以定义在可行域的外部，逐渐逼近原约束优化问题最优解。该法允许初始点不在可行域内，也可用于等式约束。但迭代过程中的点是不可行的，只有迭代过程完成才收敛于最优解。

（2）内点罚函数法　罚函数定义在可行域内，逐渐逼近原问题最优解。该法要求初始点在可行域内，且迭代过程中任一解总是可行解。但不适用于等式约束。

（3）混合罚函数法　基本思想是不等式约束中满足约束条件的部分用内点罚函数，不满足约束条件的部分用外点罚函数，从而构造出混合函数。该法综合外点、内点罚函数法优点，可任选初始点，并可处理多个变量及多个函数，适用于具有等式和不等式约束的优化问题，一维搜索上耗时较多。

◀ 5.4　优化设计的一般过程 ▶

机械优化设计一般分为以下阶段。

1. 根据设计要求确定优化范围

针对不同的机械产品，归纳设计经验，参照已积累的资料和数据，分析产品性能和要求，确定优化设计的范围和规模。产品的局部优化（如零部件）与整机优化（如整个产品）从数学模型和优化方法上都相差甚远。

2. 分析对象，准备资料

进一步分析优化范围内的具体设计对象，重新审核传统的设计方法和计算公式能否准确描述设计对象的客观性质与规律、是否需进一步改进完善。为建立优化数学模型准备各种所需的数表、曲线等技术资料，进行相关的数学处理，如统计分析、曲线拟合等。

3. 建立合理而实用的数学模型

数学模型描述工程问题本质，反映所要求的设计内容，是一种完全舍弃事物的外在形象和物理内容，但包含该事物性能、参数关系、破坏形式、结构几何要求等本质内容的抽象模型。建立合理、有效、实用的数学模型是实现优化设计的根本保证。

4. 选择合适的优化方法

各种优化方法都有其特点和适用范围，选取的方法应适合设计对象的数学模型，解题成功率高，易于达到规定的精度要求，占用机时少，人工准备工作量小，即满足可靠性和有效性好的选取条件。

5. 编制优化设计程序

根据所选择的优化方法选用现成优化程序或用算法语言自行编制程序，准备程序运行时需要输入的数据，输入时严格遵守格式要求，认真检查核对。

6．求解优选设计方案

计算机求解,优选设计方案。

7．分析评价优化结果

优化设计的目的是提高设计质量,使设计达到最优,分析评价优化结果非常重要、不容忽视。在分析评价之后,或许需要重新选择设计方案,甚至需要重新修正数学模型,以便产生最终有效的优化结果。

图 5-16 所示为优化设计过程示意图。

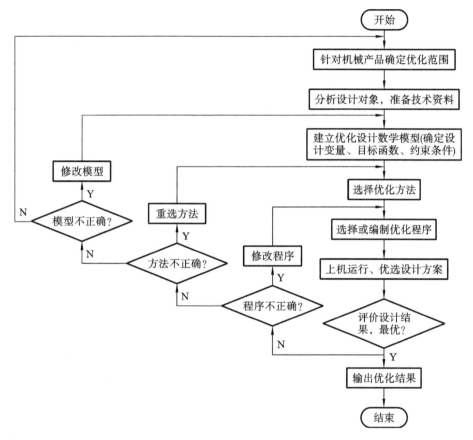

图 5-16　优化设计过程示意图

◀ 5.5　可靠性设计方法 ▶

"可靠性技术是阿波罗(登月)计划成功之关键",美国航空航天局(NASA)将可靠性工程列为三大技术成就之一。可靠性技术的目的是在设计阶段预测和预防所有可能发生的故障和隐患,防患于未然。

1．可靠性设计和可靠性工程

可靠性设计(reliability design)是建立在概率统计理论基础上,以零件、产品或系统的失效规律为基本研究内容的一门学科。影响产品失效寿命的因素是非常复杂的,有的甚至是不可捉摸的,因此,产品的寿命,即产品的失效时间完全是随机的。只有依靠长期的、大量的统计与实验才能找到它的必然规律,找到能恰当地描述这种规律的数学模型。可靠性工程作为可靠性学科的一个分支,它包括下面的一些内容:① 应用可靠性理论预测与评价产品;②零件的可靠性预测或可靠性评价;③应用于产品、零部件设计中的可靠性设计;④综合各方面的因素,考虑设计最佳效果的可靠性分配和可靠性优化;⑤考虑维修因素的系统可维修性与可利用性的估价与设计;⑥作为以上各分支基础的可靠性实验及其数据处理。

2. 可靠性设计的理论基础——概率统计学

在产品的运行过程中,总会发生各种各样的偶然事件(故障)。也就是说,人们不知道这些事件会不会发生,发生的可能性有多大,何时会发生,在什么条件下发生。这种偶然事件的内在规律很难找到,甚至是很难捉摸的。但是,偶然事件也不是完全没规律可循,如果从统计学的角度去观察,偶然事件也存在着某种必然规律。概率论就是一门研究偶然事件中必然规律的学科,这种规律一般反映在随机变量与随机变量发生的可能性(概率)之间的关系上。用来描述这种关系的数学模型很多,如正态模型、指数模型、威布尔模型等,其中最典型的是正态模型

$$f(t) = \frac{1}{2.506628\sigma} e^{\left[-\frac{1}{2}\left(\frac{t-u}{\sigma}\right)^2\right]} \tag{5-12}$$

式中,t 为随机变量,u 为平均值,σ 为标准值。

上述数学模型称为随机变量 t 的概率密度函数,它表示变量 t 发生概率的密集程度的变化规律。随机变量 t 在某点以前发生的概率可按下式计算

$$F(t) = \int_{-\infty}^{t} f(t)\,dt \tag{5-13}$$

$F(t)$ 称为随机变量 t 的分布函数或称积分分布函数。对于时间型随机变量而言,它反映了故障发生可能性的大小,它的值是在 $[0,1]$ 之间的某个数。其值越小,表示故障发生的可能性就越小。

3. 可靠性指标

可靠性的技术基础范围广泛,大致分为定性和定量方法。定量方法:根据故障(失效)的概率分布,定量地设计、实验、控制和管理产品的可靠性。定性方法:以经验为主,也就是把过去积累的处理失效的经验设计到产品中,使它具有免故障的能力。定性和定量方法相辅相成。常用可靠性指标有可靠度、可靠寿命、累积失效概率、平均寿命、失效率、失效率曲线。

1) 可靠度

可靠度是产品在规定条件和规定时间内完成规定功能的概率,常记为 R。它是关于时间的函数,也记为 $R(t)$,称为可靠度函数(见图 5-17)。用随机变量 T 表示产品从开始工作到发生失效或故障的时间,其概率密度为 $f(t)$,若用 t 表示某一指定时刻,则该产品在该时刻的可靠度为

$$R(t) = P(T > t) = \int_{t}^{\infty} f(t)\,dt \tag{5-14}$$

不可修复的产品,可靠度的观测值是指直到规定的时间区间终了为止,能完成规定功能的产品数与在该区间开始时投入工作的产品数之比,即

$$\hat{R}(t) = \frac{N_S(t)}{N} = 1 - \frac{N_F(t)}{N} \tag{5-15}$$

式中:N ——开始投入工作的产品数;

$N_S(t)$ ——到 t 时刻完成规定功能的产品数,即残存数;

$N_F(t)$ ——到 t 时刻未完成规定功能的产品数,即失效数。

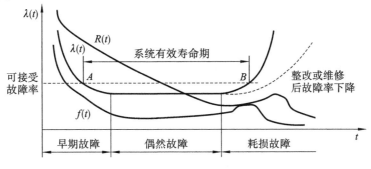

$\lambda(t)$：故障率函数
$R(t)$：可靠度函数
$f(t)$：故障密度函数

图 5-17 $R(t)$ 函数图

2）可靠寿命

可靠寿命是给定的可靠度所对应的时间，一般记为 $t(R)$。可靠寿命的观测值是能完成规定功能的产品的比例恰好等于给定可靠度时所对应的时间，一般可靠度随着工作时间 t 的增大而下降，如图 5-18 所示。

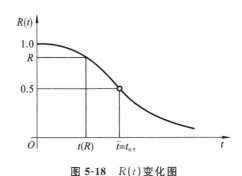

图 5-18 $R(t)$ 变化图

给定不同的 R，有不同的 $t(R)$，即 $t(R)=R^{-1}(t)$，式中 R^{-1} 是 R 的反函数，即由 $R(t)=R$ 反求 t。

3）累积失效概率

累积失效概率是产品在规定条件下和规定时间内未完成规定功能（即发生失效）的概率，也称为不可靠度，常记为 F 或 $F(t)$。完成规定功能与未完成规定功能是对立事件，按概率互补定理可得

$$F(t)=1-R(t)$$
$$F(t)=P(T\le t)=\int_{-\infty}^{t} f(t)\mathrm{d}t \tag{5-16}$$

对于不可修复产品和可修复产品，累积失效概率的观测值都可按概率互补定理取

$$F(t)=1-R(t) \tag{5-17}$$

4）平均寿命

平均寿命是寿命的平均值，不可修复产品常用失效前平均时间，一般记为 MTTP。可修复产品则常用平均无故障工作时间，一般记为 MTBF。它们都表示无故障工作时间 T 的期望 $E(T)$，或简记为 $\bar{t}$。如已知 T 的概率密度函数 $f(t)$，则

$$\bar{t}=E(T)=\int_{0}^{\infty} tf(t)\mathrm{d}t \tag{5-18}$$

分部积分后可求得

$$\bar{t} = \int_0^\infty R(t)\,\mathrm{d}t \tag{5-19}$$

5）失效率

失效率是工作到某时刻尚未失效的产品,在该时刻后单位时间内发生失效的概率,一般记为 λ,因是时间 t 的函数,也记为 $\lambda(t)$,称为失效率函数,也称为故障率函数或风险函数。

按上述定义,失效率是在时刻 t 尚未失效的产品在 $t+\Delta t$ 的单位时间内发生失效的条件概率,即

$$\lambda(t) = \lim_{\Delta t \to 0} \frac{1}{\Delta t} P(t < T \leqslant t + \Delta t \mid T > t) \tag{5-20}$$

它反映 t 时刻失效的速率,也称瞬时失效率。

失效率的观测值是在某时刻后单位时间内失效的产品数与工作到该时刻尚未失效的产品数之比,即

$$\hat{\lambda}(t) = \frac{\Delta N_F(t)}{N_S(t) \Delta t} \tag{5-21}$$

6）失效率曲线

失效率(或故障率)曲线反映了产品总体整个寿命期失效率的情况。失效率曲线有时形象地称为浴盆曲线,如图 5-19 所示。

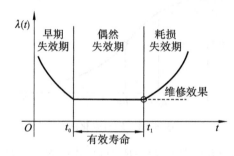

图 5-19　失效率曲线

失效率随时间变化分为:

（1）早期失效期:递减型　由于设计、制造、储存、运输等形成的缺陷,以及调试、跑合、启动不当等人为因素,产品投入使用的早期,失效率较高而下降很快。

（2）偶然失效期:恒定型　主要由非预期的过载、误操作、意外的天灾等造成,失效原因多属偶然,故称为偶然失效期。偶然失效期是能有效工作的时期,这段时间称为有效寿命。为降低偶然失效期的失效率而增长有效寿命,应注意提高产品的质量,精心使用维护。

（3）耗损失效期:递增型　由产品已经老化、疲劳、磨损、蠕变、腐蚀等所谓有耗损的原因所引起,故称为耗损失效期。对耗损失效期,应该注意检查、监控、预测耗损开始的时间,提前维修,使失效率仍不上升。

4. 可靠性技术

研究机械结构的可靠性问题就是机械概率可靠性设计,根据概率论和统计学理论基础的可靠性设计方法比常规的安全系数法更合理。可靠性分析中的重要手段有 FMEA 和 FTA。

FMEA(失效模式影响分析):从零部件故障模式入手分析,评定它对整机或系统发生故障的影响程度,以此确定关键的零件和故障模式。

FTA(故障树分析):从整机或系统故障开始,逐步分析到基本零件的失效原因。

这两种方法收集总结了该种产品所有可能预料到的故障模式和原因,设计者可以较直观地看到设计中存在的问题。

可靠性分析在国外被看作与设计图纸一样重要,作为设计的技术标准资料。

可靠度常用分析软件有:①Weibull++:可靠度资料分析软件。②ALTA:加速可靠度测试资料分析软件。③BlockSim:可靠度方块图模拟分析软件。④RGA:可靠度增长分析软件。⑤Xfmea:失效模式效应分析软件。⑥PRISM:可靠度预估软件。

思　考　题

5-1　何为 CAE? 举例说明 CAE 在机械工程中的作用。

5-2　CAD 模型的基本分析处理方法分为几类?

5-3　产品设计过程的模型有几种? 它们的定义是什么?

5-4　工程设计图表数据处理怎样进行?

5-5　有限元法的定义和基本思想是什么?

5-6　有限元分析方法分为哪几类? 其中哪一种方法易于实现计算机自动化计算?

5-7　有限元分析的前置处理包括哪些环节? 其功能有哪些?

5-8　有限元分析的单元划分中有哪些单元? 它们各自的特点是什么? 节点编号的原则是什么?

5-9　边界条件处理的条件是什么?

5-10　基于特征的自适应网格划分技术是什么?

5-11　有限元分析的后置处理包括哪些环节?

5-12　简述优化设计的定义、原理和包含的内容。

5-13　优化设计分为几类? 如何定义?

5-14　优化设计的基本思想和常用的优化设计方法是什么?

5-15　可靠性设计的定义和基础理论是什么?

5-16　简述对与可靠性设计有关的几个基本概念的理解。

5-17　了解可靠性设计的指标——可靠度和可靠度函数。

5-18　了解并掌握典型机械零件工程分析的过程和重要部分。

5-19　实验:利用工程分析软件 COMOS 对机械零件进行可靠性分析和优化设计。

第6章

机械 CAM 技术概述

计算机辅助制造 CAM 是指在机械制造业中,利用电子数字计算机通过各种数字控制机床和设备,自动完成离散产品的加工、装配、检测和包装等制造过程。机械 CAM 是先进制造技术的重要组成部分,广义的 CAM 指利用计算机辅助完成从生产准备到产品制造整个过程的活动,包括工艺过程设计、工装设计、NC 自动编程、生产作业计划、生产控制、质量控制等。而狭义 CAM 通常是指 NC 加工,即利用 CAD、CAPP 的信息在数控加工设备上实现制造自动化,它的输入信息是零件的工艺路线和工序内容,输出信息是刀具加工时的运动轨迹和数控程序,以控制机床运动。

◀ 6.1 机械制造系统与 CAM 的介绍 ▶

1. 机械制造系统的概念及组成

机械系统是指由许多机器、装置、监控仪器等组成的大型工业系统,或由零件、部件等组成的机器。机械制造系统被看成是一个系统,就必然有输入和输出,如图 6-1 所示。所谓机械制造系统的输入,就是一定的材料或毛坯,而输出则为加工后的零件、部件或产品等。从某种意义上讲,制造系统又是生产系统的组成部分或子系统。

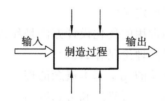

图 6-1　机械制造系统的基本概念

机械制造系统的各组成部分及其相互间的关系如图 6-2 所示,一般可将机械制造系统划分为物质子系统、信息子系统和能量子系统三个组成部分。在这三大组成部分中,分别存在物质流、信息流和能量流三种流动载体。

在物质子系统中,把毛坯、刀具、夹具、量具及其他辅助物料作为原材料输入,经过存储、运输、加工、检验等环节最后以成品输出。这个流程是物质的流动,故称之为物质流。而负责物料存储、运输、加工、检验的各元件可总称为物质系统。

在信息子系统中,加工任务、加工顺序、加工方法及物质流所要确定的作业计划、调度和管理指令属于信息范畴,称之为信息流。而负责这些信息存储、处理和交换的有关软硬件资源可称为信息系统。

在能量子系统中,制造过程中的能量转换、消耗及其流程称为能量流。而负责能量传递、转换的有关元件称为能量系统。

在常规制造系统中,物质子系统和能量子系统是较普遍地存在的,而信息子系统则往往缺

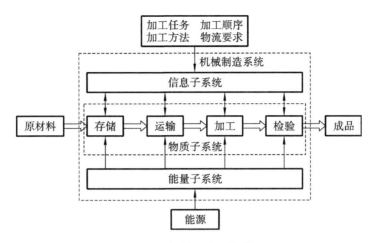

图 6-2 机械制造系统图

乏。如由一台普通车床构成的制造系统就只存在物质系统和能量系统,加工信息的输入与传递是由人工完成的。但在现代制造系统中,则较普遍地利用了信息系统,如数控机床中的 CNC 就是典型的信息系统,它能通过其内部的计算机进行零件加工信息的存放,并发送加工指令,控制加工过程。

2. 计算机辅助制造系统

计算机辅助制造的核心是计算机数字控制(简称数控),是将计算机应用于制造生产过程的过程或系统。1952 年美国麻省理工学院首先研制出数控铣床。数控的特征是由编码在穿孔纸带上的程序指令来控制机床。此后发展了一系列的数控机床,包括称为"加工中心"的多功能机床,能从刀库中自动换刀和自动转换工作位置,能连续完成铣、钻、铰、攻丝等多道工序,这些都是通过程序指令控制运作的,只要改变程序指令就可改变加工过程,数控的这种加工灵活性称为"柔性"。加工程序的编制不但需要相当多的人工,而且容易出错,最早的 CAM 便是计算机辅助加工零件编程工作。麻省理工学院于 1950 年研究开发数控机床的加工零件编程语言 APT,它是类似 FORTRAN 的高级语言,增强了几何定义、刀具运动等语句,应用 APT 使编写程序变得简单。这种计算机辅助编程是批处理的。

CAM 系统一般具有数据转换和过程自动化两方面的功能。CAM 所涉及的范围包括计算机数控、计算机辅助过程设计。

数控除了在机床应用以外,还广泛地用于其他各种设备,如冲压机、火焰或等离子弧切割、激光束加工、自动绘图仪、焊接机、装配机、检查机、自动编织机、电脑绣花和服装裁剪等,成为各个相应行业 CAM 的基础。

计算机辅助制造系统是通过计算机分级结构控制和管理制造过程的多方面工作,它的目标是开发一个集成的信息网络来监测一个广阔的相互关联的制造作业范围,并根据一个总体的管理策略控制每项作业。

从自动化的角度看,数控机床加工是一个工序自动化的加工过程,加工中心是实现零件部分或全部机械加工过程自动化,计算机直接控制和柔性制造系统是完成一族零件或不同族零件的自动化加工过程,而计算机辅助制造是计算机进入制造过程这样一个总的概念。

一个大规模的计算机辅助制造系统是一个计算机分级结构的网络,它由两级或三级计算机组成,中央计算机控制全局,提供经过处理的信息,主计算机管理某一方面的工作,并对下属的计算机工作站或微型计算机发布指令和进行监控,计算机工作站或微型计算机承担单一的工艺控制过程或管理工作。

计算机辅助制造系统的组成可以分为硬件和软件两方面:硬件方面有数控机床、加工中心、输送装置、装卸装置、存储装置、检测装置、计算机等,软件方面有数据库、计算机辅助工艺过程设计、计算机辅助数控程序编制、计算机辅助工装设计、计算机辅助作业计划编制与调度、计算机辅助质量控制等。

◀ 6.2　先进制造技术 ▶

1. 先进制造技术的概念

1) 先进制造技术概念的提出背景

1993 年,美国政府批准了由联邦科学、工程与技术协调委员会(FCCSET)主持实施的先进制造技术计划。

美国根据本国制造业面临的挑战和机遇,为增强制造业的竞争力和促进国家经济增长,首先提出了先进制造技术的概念。此后,欧洲各国、日本以及亚洲新兴工业化国家如韩国等也相继作出响应。

2) 先进制造技术在我国的发展

我国制造技术经改革开放四十年的发展已形成较完整的体系,为国民经济发展所需的各类机械产品制造提高了基本的工艺技术,并取得了重要成就。然而,与国外工业发达国家相比,仍然存在着阶段性的差距。近几年受国外制造技术发展的影响获得了重新认识,我国对先进制造技术的发展给予了高度重视。

3) 先进制造技术的定义

先进制造技术(advanced manufacturing technology,简称为 AMT)是指微电子技术、自动化技术、信息技术等先进技术给传统制造技术带来的种种变化与新型系统。具体地说,就是指集机械工程技术、电子技术、自动化技术、信息技术等多种技术为一体所产生的技术、设备和系统的总称,主要包括计算机辅助设计、计算机辅助制造、集成制造系统等。AMT 是制造业企业取得竞争优势的必要条件之一,但并非充分条件,其优势还有赖于充分发挥技术威力的组织管理,有赖于技术、管理和人力资源的有机协调和融合。

2. 先进制造技术的特点及分类

1) 先进制造技术的特点

(1) 系统性。

传统制造技术一般只能驾驭生产过程中的物质流和能量流;而先进制造技术由于引入了计算机技术、信息技术、传感技术、自动化技术和先进管理技术等,并与传统制造技术相结合,已成为一个能够驾驭生产过程中的物质流、信息流和能量流的系统工程技术。例如,柔性制造系统(FMS)和准时生产(JIT)就是先进制造技术全过程控制物质流、信息流和能量流的应用典型。

(2) 集成性。

传统制造技术的学科专业单一、独立、界限分明;而先进制造技术由于各专业、学科间不断交叉、渗透、融合,其界限逐渐淡化甚至消失,技术趋于系统化、集成化,已经发展成为集机械、电子、信息、材料和管理技术为一体的新兴交叉学科——制造系统工程。

（3）广泛性。

传统制造技术一般单指加工制造过程的工艺方法；而先进制造技术则贯穿了从产品设计、加工制造到产品销售及用户服务的整个过程，成为"市场—产品设计开发—加工制造—市场"的大系统。

（4）高精度。

现代制造对产品、零件的要求越来越高，例如，在飞机、潜艇等军事设施中使用的精密陀螺仪、大型的天文望远镜及大规模集成电路的硅片等高新技术产品都需要超精密加工技术的支持。这些需求促使激光加工、电子束加工、离子束加工、纳米制造、微机械制造等新方法迅速发展。

（5）实用性。

先进制造技术是针对某一具体的工业应用需求而发展起来的先进、实用技术，有着明确的需求导向。先进制造技术不以追求技术的高新度为目的，而是注重产生最好的实践效果，从而促进国家经济的快速增长和企业综合竞争力的提高。

2）先进制造技术的分类

（1）现代设计技术。

现代设计技术是根据产品功能要求，应用现代技术和科学知识，制定方案并使方案付诸实施的技术。它是一门多学科、多专业相互交叉的综合性很强的基础技术，其重要性在于使产品设计监理在科学的基础上，促使产品由低级向高级转化，促使产品的功能不断完善，产品质量不断提高。现代设计技术包含的内容如下：现代设计方法、产品可信性设计、设计自动化技术、工业设计技术。

（2）先进制造工艺。

先进制造工艺是先进制造技术的核心和基础，是使各种原材料、半成品成为产品的方法和过程。先进制造工艺包括高效高精度切削加工工艺、高效精密成型技术、特种加工技术及表面改性、制膜和涂层技术等。

（3）加工自动化技术。

加工自动化技术是用机电设备工具取代或放大人的体力，甚至取代和延伸人的部分智力，自动完成特定的作业，包括物料的存储、运输、加工、装配和检验等各个生产环节的自动化。加工过程自动化涉及数控技术、工业机器人技术、柔性制造技术、传感技术、自动检测技术、信号处理和识别技术等内容。其目的在于减轻操作者的劳动强度，提高生产效率，减少在制品数量，减少能源消耗及降低生产成本。

（4）先进生产制造模式。

先进生产制造模式包括计算机集成制造、并行工程、敏捷制造、智能制造、精益生产等先进的生产组织管理模式和控制方法。它是面向企业生产全过程，将先进的信息技术与生产技术相结合的一种新思想和新模式，其功能覆盖企业的生产预测、产品设计开发、加工装配、信息与资源管理直至产品营销和售后服务的各项生产活动，是制造业综合化和自动化的新模式。

（5）现代生产管理技术。

现代生产管理技术是指制造型企业在从市场开发、产品设计、生产制造、质量控制到销售服务等一系列的生产经营活动中，为了使制造资源（材料、设备、能源、技术、信息以及人力资源）得到总体配置优化和充分利用，使企业的综合效益（质量、成本、交货期）得到提高而采取的各种计划、组织、控制及协调的方法和技术的总称。它是先进制造技术体系中的重要组成部分，对企业最终效益的提高起着重要作用。

现代生产管理技术包括工程管理、质量管理、信息管理以及先进制造技术集成化管理等。

3. 先进制造技术的关键技术

1）集成化技术

过去的制造系统中仅强调信息的集成，这是不够的。现在更强调技术、人和管理的集成，开发制造系统强调"多集成"的概念，即包括信息集成、智能集成、串并行工作机制集成、资源集成、过程集成及人员集成。

2）智能化技术

应用人工智能技术实现产品生命周期及生产过程各个环节的智能化，并实现人与制造系统的融合及人工智能的充分发挥。

3）虚拟制造技术

虚拟制造技术以虚拟现实技术、多媒体技术及计算机仿真技术为基础，是实际制造在虚拟环境下的映射，即在虚拟条件下模拟产品设计、产品制造、产品测试、产品营销的全过程，并对有关技术数据和性能指标作出预测和评价，从而增强各级决策和控制能力，达到缩短产品开发周期、优化制造的目的。

4）人-机-环境一体化技术

人-机-环境一体化技术将人、机器和环境作为一个系统来研究，以发挥系统的最佳效益。其研究的重点是：人机环境的体系结构及集成技术、人在系统中的作用及发挥、人机柔性交互技术、人机智能接口技术、清洁制造等。这些关键技术体现了先进制造技术对 CAD/CAM 集成发展的引导方向。

5）多学科、多功能综合产品开发技术

机电产品的开发要进行多目标、全性能的优化设计，以实现机电产品动静特性、效率、精度、使用寿命、可靠性、制造成本与制造周期的最佳组合，其开发设计不仅涉及机械科学的理论与知识，而且还涉及电磁学、光学、控制理论等学科。

6）网络技术

网络技术包括硬件及软件的实现、各种通信协议及制造自动化协议、信息通信接口、系统操作控制策略等，是实现各种制造系统自动化的基础。

7）纳米制造技术

纳米技术是加工精度或尺寸为 0.1～100 nm 数量级的技术。纳米制造是纳米技术与制造技术相融合的产物，它包括超精加工、精密加工、超微细加工和微细加工，具有广阔的应用前景。例如，将由此技术制成的微机器人注入人体血管，可以进行健康检查或疏通脑血管栓塞、消除心脏动脉脂肪沉积物等。

8）绿色制造技术

绿色制造是一个综合考虑环境影响和资源消耗的现代制造模式，其目标是使产品在从设计、制造、包装、运输、使用到报废的整个生命周期中，对环境的负面影响极小，资源利用率高，并协调优化企业的经济效益和社会效益。

4. 先进制造技术在机械制造中的应用

在机械制造的整个过程中，无论是产品的设计开发，还是产品的生产制造或经营管理，都能充分利用先进制造技术，使其技术理论得以具体应用和实现，从而推动机械制造业的迅猛发展；同时，在机械生产的过程中还会不断涌现各种新工艺、新技术，它们反过来会丰富和发展先进制造技术的理论。

1）企业生产方式发生了重大变革

由于先进制造技术的应用,现代机械制造企业逐步改变了传统观念,在生产组织方式上发生了如下转变:从传统的顺序工作方式向并行工作方式转变;从金字塔式的多层次生产管理结构向扁平的网络结构转变;从按功能划分部门的固定组织形式向动态、自主管理的小组工作组织形式转变;从质量第一的竞争策略向快速响应市场的竞争策略转变;从以技术为中心向以人为中心转变。

2）在产品的设计开发中应用了现代设计技术

在机械制造过程中,机械产品设计、开发已应用了现代设计的思想和方法。从设计内容上来说,传统的机械产品设计将设计过程分为方案设计、技术设计和工艺设计,设计内容过于狭窄;而现代设计的内容包括产品的规划、制造、检验、营销、维护、报废和回收等。从设计方法来说,传统设计往往是依靠经验的累积、单一的知识、落后的工具来进行的;而现代设计以计算机辅助设计为主体,以多种学科及技术为手段,实现设计过程的并行化、最优化、精确化。

先进制造技术中的绿色设计、并行工程、计算机辅助设计、可靠性设计、模糊设计及虚拟技术等现代方法和技术,从根本上改变了传统设计的思想和方法。

3）在产品的制造过程中涌现出大量的新工艺、新技术

机械制造工艺是将原材料、半成品加工成机械产品的方法和过程,是整个机械制造过程的主要部分。在这个过程中,由于先进制造技术的渗透,结合生产实际的需要,已涌现出大量的新工艺、新技术。

近几年,在毛坯制造方面,出现了钢液精炼与保护成套技术、高效金属型铸造工艺及设备、新型焊接电源及控制技术、高速切削与高速磨削技术、难加工材料的切削技术、复杂型面的数控加工技术等;在热处理方面,出现了工业机器人、真空热处理、激光表面合金化等先进技术;在自动化方面,已广泛应用机床数控技术、自动检测及信号识别技术等。这些应用技术不仅满足了机械制造本身的需要,同时也支撑了先进制造技术的体系。

5. 先进制造技术的发展趋势

在 21 世纪,随着电子、信息等高新技术的不断发展,市场需求越来越个性化与多样化,未来先进制造技术发展的总趋势是向全球化、网络化、虚拟化、自动化、绿色化、智能化、精密化、极端化、集成化、数字化、柔性化等方向发展。

1）全球化

全球化是先进制造技术发展的必然要求和趋势。一方面,国际和国内市场上的竞争越来越激烈,例如,在机械制造行业中,国内外已经有不少企业,甚至是知名度很高的企业,在这种无情的竞争中纷纷落败,有的倒闭,有的被兼并,不少企业迫于压力不得不拓展新的市场;另一方面,网络技术的快速发展推动着企业向既竞争又合作的方向发展,这种发展进一步加剧了市场的竞争。这两个因素相互作用,成为制造业全球化发展的动力。

2）网络化

制造业全球化的第一个技术基础是网络化,网络通信技术使制造业的全球化得以实现。网络通信技术的迅速发展和普及,给企业的生产和经营活动带来了革命性的变革,产品设计、物料选择、零件制造、市场开拓与产品销售等都可以异地甚至跨越国界进行。此外,网络通信技术的快速发展,加快了技术信息的交流,加强了产品开发的合作和经营管理的学习,推动了企业向着既竞争又合作的方向发展。

3）虚拟化

制造技术的虚拟技术是指面向产品生产过程的模拟和检验。虚拟化是以优化产品的制造工艺，保证产品质量、生产周期和最低成本为目标，进行生产过程计划、组织管理、车间调度、供应链和物流设计的建模和仿真，通过仿真软件来模拟真实系统，以保证产品设计和产品工艺的合理性，确保产品制造的成功。

4）自动化

自动化是为了减轻、强化、延伸、取代人的有关劳动的技术或手段。自动化是先进制造技术的前提条件，目前它的研究主要表现在制造系统中的集成技术和系统技术、人机一体化制造系统、制造单元技术、制造过程的计划和调度、柔性制造技术和适应现代化生产模式的制造环境等方面。

5）绿色化

绿色制造是通过绿色生产过程、绿色设计、绿色材料、绿色设备、绿色工艺、绿色包装、绿色管理等生产出绿色产品，产品使用完后再通过绿色处理加以回收利用。采用绿色制造能最大限度地减少生产制造对环境的负面影响，同时使原材料和能源的利用率达到最高。

6）智能化

与传统制造相比，智能制造系统具有以下的特点：人机一体化、自律能力、自组织与超柔性、学习能力与自我维护能力，在未来具有更高级的人类思维能力。可以说，智能制造是一种模式，是集自动化、集成化和智能化于一身，并具有不断向纵深发展的高技术含量的先进制造系统，也是一种由智能机器和人类专家共同组成的人机一体化系统。智能化制造模式的基础是智能制造系统，它既是智能和技术集成的应用环境，也是智能制造模式的载体。

7）精密化

精密加工制造不仅需要机床的精度、稳定性以及刀具、夹具的精度来保证，同时也需要精密量具仪器来检验、测量。以电力行业为例，发电设备中一些关键零部件，如汽轮机叶片、转子轮槽以及汽轮发电机转子嵌线槽等的加工和检测，在一定程度上可以代表一个国家先进切削技术、数控刀具技术、数字化测量技术的最新成果和水平。

8）极端化

极端制造是指在极端条件下，制造极端尺度或极高功能的器件或有极高要求的产品，如在高温、高压、高湿、强腐蚀等条件下工作的，或具有高硬度、大弹性要求的，或在几何形体上极大、极小、极厚、极薄的产品。

9）集成化

目前，集成化主要包括三个方面：现代技术的集成，如机电一体化；加工技术的集成，如快速原型制造、激光加工、高能束加工和电加工等；企业集成，即管理集成、全生命周期过程的集成，如并行工程、敏捷制造、精益生产和计算机集成制造系统等。

10）数字化

数字化制造是指制造领域的数字化，它是制造技术、计算机技术、网络技术与管理科学交叉、发展、应用的结果。它主要包括三大部分：数字化设计、数字化控制、数字化管理。数字化制造让 CAD/CAM 的一体化得以实现，使得产品向无图纸制造方向发展。

11）柔性化

制造自动化系统从刚性自动化发展到可编程自动化，再发展到综合自动化，系统柔性程度越来越高。模块化技术是提高制造自动化系统柔性的重要策略和方法。硬件和软件的模块化设计，不仅可以有效地降低生产成本，而且可以大大提高自动化系统的柔性。

思　考　题

6-1　先进制造技术的定义是什么？

6-2　先进制造技术有什么特点？

6-3　先进制造技术的发展趋势是什么？

6-4　简述机械制造系统的概念及组成。

第7章
计算机辅助工艺过程设计技术

计算机辅助工艺过程设计是连接产品设计和产品制造的中间环节，是连接 CAD 与 CAM 的桥梁，CAD 数据库的信息只有经过 CAPP 系统才能变成 CAM 的加工信息。生产管理和计划调度等部门，也必须依靠 CAPP 系统的输出数据。

◀ 7.1 计算机辅助工艺过程设计概述 ▶

产品设计完成之后，必须进行工艺过程设计。工艺过程设计为实现将原材料或半成品加工为成品需制订的详细工作计划，包括为被加工零件选择合适的加工方法、加工顺序、加工设备等，它是联系产品设计与车间生产的纽带。例如图 7-1 所示的轴设计，当轴的表面精度比较高时，它的加工顺序应为：下料、轴两端钻中心孔、粗车削、立铣加工键槽、磨削加工。加工设备要从各自工厂的生产设备中适当选择。这样就可以按要求完成轴的加工工艺设计。

图 7-1　轴设计简图

传统的工艺过程设计是一项技术性和经验性很强的工作，主要是依靠工艺设计人员积累的经验完成的，存在着工艺设计周期长、重复性劳动多、一致性差等缺点。随着机械产品多样性、小批量的生产要求，特别是 CAD/CAM 系统向集成化、智能化方向发展，这种设计方法与现代制造技术的发展要求不相适应。

20 世纪 60 年代末，人们开始在工艺过程设计中引入计算机技术，进行计算机辅助工艺过程设计，即向计算机输入被加工零件的几何信息和加工工艺信息（材料、热处理、批量等）后，由计算机自动输出零件的工艺路线和工序内容等工艺文件。简言之，计算机辅助工艺过程设计就是利用计算机来制订零件的加工工艺过程，把毛坯加工成工程图纸上所要求的零件。应用 CAPP 技术，可以使工艺人员从烦琐重复的事务性工作中解脱出来，迅速编制出完整而详尽的工艺文件，提高工艺过程设计质量，缩短生产准备周期，提高生产率和产品制造质量，减少工艺过程设计费用及制造费用，进而缩短整个产品开发周期。随着 CAD、CAM、CIMS 等先进制造技术的发展，CAPP 被认为是把产品设计数据转换为产品制造数据的关键性环节。在集成系统中，CAPP 能直接从 CAD 模块中获取零件的几何信息、材料信息、工艺信息等，以代替人机交互的零件信息输入，CAPP 的输出是 CAM 所需的各种信息，因此，CAPP 是 CAD 和 CAM 真正集成的桥梁，是 CIMS 的技术基础之一。

7.2 工艺过程设计的基础知识

1. 工艺技术

工艺技术是机电类企业产品质量保证体系中的核心环节,也是产品更新、消化引进新产品成败的关键环节。因此,高度重视并保证以工艺过程卡、工序卡为中心内容的工艺规程制定工作的质量就十分重要。熟练掌握并灵活运用相关工艺规程制定基础知识是提高工艺卡片制定质量和制定工作效率的根本保障。

1) 工艺技术是机电类产品制造业的技术支柱

科技进步能否转化为生产力,在很大程度上取决于有无相应的工艺技术手段将其物化为产品。故工艺水平在一定程度上反映了国家的生产力水平,明显而直接地反映在产品质量和劳动生产率两个方面,并决定着产品的使用性能和生产成本,从而决定了产品在市场上的竞争力。所以先进可靠的工艺技术保障是产品更新、市场开拓的必要条件,商品竞争、市场竞争的核心是制造业潜在工艺技术水平的竞争。

由于我国工艺水平落后,设备陈旧,机械工业的平均劳动生产率远远落后于发达国家,机电产品的质量问题中,工艺因素占一半以上。与之形成鲜明对照的发达国家则是不断改进和采用先进工艺技术,已达60%比重,工艺对生产率提高的贡献也占60%以上。工艺技术始终是企业提高生产率、增强产品市场竞争力的首要因素,故有"产品制造,工艺为本"的说法,这既是实践经验的总结,也是对工艺技术在产品生产中地位的恰当评价。

2) 工艺过程和工艺规程

工艺过程是生产过程中最核心的内容,它是指用各种加工工艺方法直接改变材料、毛坯的尺寸、形状及表面状态,使之成为成品或半成品的过程。

无论是加工工艺过程或是装配工艺过程,都是由一系列工序组成。所谓工序,是指在某一设备上或某个工作地点,由一个工人或一组工人对一个或同时对几个工件所连续完成的一个完整加工或装配工艺过程。凡工作地(设备)、工人、工件、连续性四要素之一发生变更就会构成新的工序。由于工序的技术要求和设备的复杂性,一个工序可划分为几个工位或多个工步。

工位即工件安装在机床上所占据的位置,或工件在机床的一个位置上所进行的加工工作。它是安装的一个组成部分,一次安装中至少有一个工位,若采用回转夹具、分度夹具等,则一次安装可以有多个工位。

加工表面和加工工具以及工作参数不变的情况下,所连续完成的那部分工序称为一个工步。例如,在转塔自动车床上加工一个零件,可以由1~6个工步完成。但是若并未直接改变工件形状、尺寸和表面粗糙度,又是完成整个工序所必须由人或设备连续完成的那部分工序,称之为辅助工步。诸如换刀、安装、运输、检测等均视为辅助工步。基本工步则相反,它会导致工件形状、尺寸、表面粗糙度或者结构配置的相对改变。

工艺过程应满足的基本要求是:完全符合图样和技术条件的要求,生产准备周期最短,劳动生产率高,人力、物力、财力利用率高,材料、动力、资金消耗少,成本低,对环境无有害影响,保证安全生产,能适应产品的不断改进和更新等。

工艺规程则是指工程技术人员遵循工艺学的基本原理和方法,结合生产纲领、生产类型和生产条件,而制定某产品或零部件工艺过程的有关技术文件,包括对工件加工的顺序以及所采用的设备、工具、夹具、量具、辅具和加工计划时间等内容给予明文规定的技术文件。工艺规程制定要考虑产品结构、生产规模、设备条件、技术要求、工人素质等诸多因素。可行方案往往不是唯一的,常需综合评估、权衡利弊,才能获得一个较好的实施方案。

生产中用以说明工艺规程的工艺文件有工艺过程卡片和工序卡片。

工艺过程卡片是指导零件加工的综合性卡片,说明零件的整个加工工艺过程是如何进行的,它又称为工艺路线卡,是生产技术准备的重要依据。因为它明确地规定了每个零件在整个制造过程中的工艺路线,列出产品的名称、型号,零件的名称与图号,各工序的序号、名称、所经历的时间、主要工艺装备和工时定额等。对于批量较大的产品的工艺过程卡,还要求说明每道工序及工步所加工的表面、切削用量、要求达到的尺寸和公差等内容。

工序卡片则是在工艺过程卡的基础上,为每道工序所编制的工艺文件,内容更为详尽,用于指导工人具体操作。内容包括:该工序加工简图、每个工步的加工内容、工艺参数、工艺装备、操作的划分、操作方法和要求、注意事项等。

3)机械加工精度和表面质量

机械零件的加工质量对产品的性能、寿命、效率、可靠性及生产成本等均有十分重要的影响,所以保证工件的加工精度和表面质量是工艺技术人员的首要任务。

加工精度是指工件经机械加工后,其几何参数的实际值与理想值的符合程度。两者之差称为加工误差,加工误差越小,加工精度越高。

工件几何参数可以分别由尺寸精度、形状精度和表面相互位置精度等三方面来衡量。三者之间虽有区别,但应当保持合理相互关系,一般是同一部位的几何形状和相互位置精度必须在尺寸精度允许的范围内,即后者要求应高于前者。如轴颈直径的尺寸公差必须高于其圆度误差;两表面间的平行度需要靠表面本身一定的平面度要求才能保证等。在制定工艺规程之前,务必使原始零件图样的精度要求合理才行。

零件加工的表面质量对其使用性能、工作可靠性与寿命均有很大影响,它是衡量工艺质量的又一重要指标。主要通过以表面粗糙度与精度为代表的几何质量指标,以及表层材料的塑性、硬化、残余应力等物理力学性能变化两个方面予以评价。

4)工件定位原理

在影响工件加工质量的诸多因素中,一般情况下,影响最大、最容易产生的莫过于工件的安装误差了。安装涉及合理的定位和妥善的夹紧两个方面,定位是指确定工件在机床或夹具中占有正确位置的过程,而夹紧则是指工件定位后将其固定,使其在加工过程中保持定位位置不变的措施。

(1)六点定位原理。任何未加限制的工件均存在 6 个自由度,即沿着 x、y、z 三个坐标轴的轴向移动和绕轴的转动。欲按实际需要确定工件在加工中的空间位置,就必须限制其应予以控制的自由度。如果对 6 个自由度全部设置相应的定位制约支撑点,就称为完全定位状态;若存在对加工质量无影响的自由度,则可以不加限制,定位制约支撑点小于 6 个,称为不完全定位状态。究竟采用何种定位状态,应从工件形状、加工精度要求、加工中受力状态、夹紧方式等因素考虑决定,务必防止出现欠定位或过定位错误。

(2)基准重合原则。基准是用来确定零件或部件上几何要素间几何关系所依据的那些点、线、面。可按其作用不同将其划分为设计基准和工艺基准两类。

工艺基准是指在加工和装配工艺过程中所采用的基准,包括定位基准、工序基准、测量基准、装配基准 4 种。为有利于直接保证达到加工精度,应尽量使工序基准和设计基准重合。

(3)夹紧基本要求。在选择工件定位方案时,必须同时考虑夹紧能否合理、方便、可靠地实

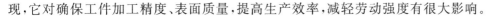

现,它对确保工件加工精度、表面质量,提高生产效率,减轻劳动强度有很大影响。

2．加工工艺规程的制定

1) 工艺规程设计的任务

工艺规程设计的主要任务是为被加工零件选择合理的加工方法和加工顺序,能按要求生产出合格的成品零件。工艺规程设计的主要内容有:选择加工方法及采用的机床、刀具、夹具和其他工装设备等;安排合理的加工顺序;选择基准,确定加工余量和毛坯,计算工序尺寸和公差;选择合理的切削用量;计算时间定额和加工成本;编制包含上述所有资料的工艺文件。其中核心内容是选择加工方法和合理安排加工顺序。

2) 制定工艺规程的原始依据及其内容

生产类型是指根据生产纲领要求和生产车间的实际情况,确定一次投入或产出同一产品或零件的数量,俗称为生产批量。鉴于单件、小批、中批、大批、大量生产具有各自不同的工艺特点和相应合理的制造加工方法,所以零件生产纲领和生产批量规模的确认,是制定合理工艺规程的必要依据。

◀ 7.3　CAPP 技术的发展概况及系统的工作原理 ▶

1．CAPP 的发展概况

世界上第一个 CAPP 系统是 1966 年挪威推出的 AutoPros 系统,它是根据成组技术原理,利用零件的相似性去检索和修改标准工艺来制定相应零件的工艺规程。

在 CAPP 发展史上具有里程碑意义的是设在美国的国际性组织 CAM-I 于 1976 年开发的 CAPP 系统,它是一种可在微型机上运行的结构简单的小型系统。其工作原理也是基于将零件按成组技术分类系统进行编码,形成零件族,再建立零件族的标准工艺,并通过对标准工艺文件的检索和编辑产生零件的工艺规程。

国内最早开发的 CAPP 系统是 20 世纪 80 年代初上海同济大学研制的 TOHCAP 系统和西北工业大学的 CAOS,随后北京理工大学也研制出适用于车辆中回转体零件的 BITCAPP 系统,北京航空航天大学研制出 BHCAPP 系统,还有一些高等院校和工厂合作研制的 CAPP 系统也相继获得成功。

从 20 世纪 60 年代到目前,已研制出了很多 CAPP 系统,在设计上主要可以分为两种,即派生式系统和创成式系统。派生式系统的基本思路是将相似零件归并成零件族,设计时检索出相应零件族的标准工艺规程,并根据设计对象的具体特征加以修订。CAM-I 开发的 CAPP 系统和同济大学开发的 TOHCAP 系统属于该类系统。创成式系统的基本思路是将人们设计工艺过程时的推理和决策方法转换成计算机可以处理的决策逻辑、算法,在使用时由计算机程序根据内部的决策逻辑和算法,以及生产环境信息,自动生成零件的工艺规程。西北工业大学开发的 CAOS 系统中针对单轴自动机上的零件加工工序是按创成式方法进行设计的。近年来,这两类系统在发展中不断改进提高,在传统软件技术继续应用的情况下,将人工智能、专家系统技术应用于 CAPP 系统,研制成功了基于知识的 CAPP 专家系统。CAD/CAM 向集成化、智能化方向发展及并行工程工作模式的出现等都对 CAPP 提出了新要求,仍存在着许多问题有待于进一步的研究。

2. CAPP 系统的介绍

尽管每个零件及加工环境千差万别,很难用一种固定的方法来对付各种加工情况,因此也很难用一种通用的 CAPP 软件来满足各不相同的制造对象,但 CAPP 系统一般由 6 个基本模块组成,如图 7-2 所示。

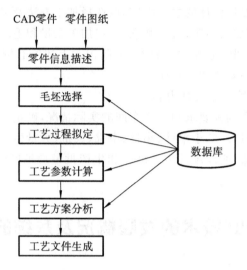

图 7-2　CAPP 系统的组成

1) 零件信息描述

工艺过程设计所需要的最原始信息是零件的几何信息和工艺信息,通过零件信息描述模块将输入的零件转换成系统所能"读"懂的信息。零件信息输入可以有下列两种方式:人工交互输入;从 CAD 系统直接获取或来自集成环境下统一的产品数据模型。

2) 毛坯选择

该模块的主要功能是进行毛坯设计,在零件图的基础上计算毛坯尺寸,选择相应的棒料、型材等的规格尺寸,画出带余量的零件图,称之为毛坯图。如画出铸件的分型面、浇冒口位置等。

3) 工艺过程拟定

其主要内容是拟定工艺路线和工序内容,有定位夹紧方案选择、加工方法选择、加工顺序安排、加工设备选择、工艺装备选择,以及检测工序的安排等,这是工艺过程设计的最关键和最困难的部分,对整个工艺设计有举足轻重的作用。目前多采用人工智能、模糊数学等决策方法求解。

4) 工艺参数计算

其主要工作是进行加工余量、切削用量、时间定额的计算。加工余量的计算包括工序间尺寸及其公差的确定;切削用量和时间定额要根据所选用机床的具体技术性能参数来确定,如所计算出的切削速度为 290 r/min,而所选机床只有 300 r/min,则最后应确定切削速度为 300 r/min,同时,其切削时间也要相应改变。

5) 工艺方案分析

同一零件用不同的加工方法加工会得到不同的工艺设计方案,为了保证产品质量、生产率、经济性的要求,应对所制定的工艺过程进行如下分析:结构工艺性分析,在保证设计要求的前提下,分析其加工的可靠性、难易程度和经济性;加工可行性分析,分析工厂、车间的资源状况能否满足加工要求,如机床的规格尺寸、最大加工范围、精度等应能满足零件的大小和精度等要求;技术经济分析,在保证质量和生产率的要求下,通过计算工艺成本在多种不同工艺过程方案中选择较经济的方案。通过以上三个方面的分析,从而可确定最优的工艺设计。

6)工艺文件生成

工艺文件生成是指生成零件机械加工工艺卡片和机械加工工序卡片,以及零件检验卡片等,这些信息存储于共享数据库中备用,并可输出可读文档供工厂的工艺部门、生产部门使用。在 CAD/CAM 集成系统中,CAPP 需要提供 CAM 数控编程所需的工艺参数文件;在 CIMS 环境下,CAPP 需要通过数据库存储产品工艺过程信息,以实现信息共享。

3. CAPP 系统的工作原理

1)成组技术

成组技术(GT)就是将企业生产的多种产品、部件和零件,按照一定的相似性准则分类成零件族,对每一个零件族可采用相同的工艺方法进行加工,采用相似的夹具进行装夹,采用相似的仪表进行检测等。这样通过分成加工组或加工单元可以实现产品设计、制造和生产管理的合理化及高效益。

成组技术的基础是产品零件的分类成组。尽管可以用"目视法"手工进行零件的分类成组,但基本的、更有效的方法,还是应用分类编码系统进行计算机辅助分类和检索。

零件的分类编码就是用数字或字母来描述零件的几何形状、尺寸和工艺特征。在成组技术实际应用中,有三种基本编码结构,分别是树式结构、链式结构、混合式结构。

2)零件信息描述

输入零件信息是进行计算机辅助工艺过程设计的第一步,零件信息描述是计算机辅助工艺过程设计的关键,其技术难度大、工作量大,是影响整个工艺设计效率的重要因素。零件信息描述的内容主要包括几何信息和工艺信息,几何信息指零件的几何形状和尺寸,如表面形状、表面间的相互位置、尺寸及其公差,实际上是工程图纸上的图形。工艺信息指毛坯特征、零件材料、加工精度、表面粗糙度、热处理、表面处理、配合和啮合关系等及相应的技术要求。零件信息描述方法主要有编码描述法、型面法、形体法等。不管用什么样的方法,描述零件信息并将其输入计算机的工作总是比较烦琐的。从长远的发展角度看,根本的解决办法是直接从 CAD 系统中获得 CAPP 所需要的信息,但目前这样做还有一定困难:主要是由于 CAD 是独自发展的以结构设计和图形显示为主要目标的几何造型系统,缺乏与 CAPP 的共同语言。为了解决 CAD 与 CAPP 的集成问题,可以开发以特征造型为基础的 CAD 系统或致力于研究 CAD 与 CAPP 之间信息的转换方法,如采用初始图形数据交换标准 IGES 将 CAD 信息转换成 CAPP 系统所需的数据格式。

3)工艺设计的决策方式

工艺过程设计中各类问题很多,其决策方式也有很多种,机械制造工艺设计中的决策方式分为数学模型决策、逻辑推理决策和智能思维决策三类。数学模型决策是以建立数学模型并求解作为主要的决策方式。主要的数学模型有系统性数学模型、随机性数学模型和模糊性数学模型三种。工艺过程设计中,以数值计算为主的问题多用数学模型方式求解,如工艺尺寸链的计算、切削参数的计算、材料消耗定额的计算等。智能思维决策将依靠人工智能的应用。

(1)建立工艺决策逻辑的依据。

建立工艺决策逻辑一般应根据工艺设计的基本原理、工厂生产实践经验的总结以及对具体生产条件的分析研究,并集中有关专家、工艺人员的智慧及工艺设计中常用的并行之有效的原则,如各表面加工方法的选择,粗、细、精、超精加工阶段的划分,装夹方法的选择,机床、刀具类型规格的选择,切削用量的选择,工艺方案的选择等,结合各种零件的结构特征,建立起相应的工艺设计逻辑。还要广泛收集各种加工方法的加工能力范围和所能达到的经济精度以及各种特征表面的典型工艺方法等数据。

（2）决策表和决策树。

决策表是用表格结构来描述和处理"条件"和"动作"之间的关系的方法。决策表是用符号描述事件之间逻辑关系的一种表格，它用横竖两条双线或粗线将表格划分成四个区域，其中左上方区列出所有条件，左下方区列出根据条件组合可能出现的所有动作；竖双线右边分别为条件状态和决策行动。右边每一列即为一条决策规则。

决策树是用树状结构来描述和处理"条件"和"动作"之间的关系的方法，由树根、节点和分支组成。树根和分支间都用数值相互联系，通常用来描述实物状态转换的可能性以及转换过程和转换结果。分支上的数值表示向一种状态转换的可能性或条件。当条件满足时，则继续沿分支向前传递，以实现逻辑与"AND"的关系；当条件不满足时则转向出发节点的另一分支，以实现逻辑或"OR"的关系，在每一分支的终端列出了应采取的动作。所以，以树根到终端的一条路径就可以表示一条类似于决策表中的决策规则。同决策表相比，决策树表示简单、直观，很容易将它直接转换成逻辑流程图，并用程序设计语言中的"IF...THEN...ELSE..."结构实现。

4）派生式 CAPP 系统

派生式也叫作经验式、样件式。它是以成组技术为基础，在准备阶段系统首先对所有被加工零件按编码法则进行编码，然后按工艺相似性将零件分族，建立零件族特征矩阵，并为每组的代表零件设计出加工工艺过程。此工艺过程就称为标准工艺过程。各零件族的分组特征矩阵及对应的典型工艺过程都以文件形式存放在外存中，同时还要将有关刀具、夹具、量具和机床的数据、材料数据及切削参数等以文件形式存入外存，再配以相应的一整套计算机算法程序，就组成了派生式计算机辅助工艺过程设计系统。当要对一个新的零件设计工艺过程时，首先输入此零件的编码及有关几何和工艺参数，然后由零件族搜索模块对文件中的零件族特征矩阵进行搜索，寻找新零件所属的零件族，从标准工艺文件中调出对应的标准工艺过程，并根据输入的原始信息，对典型工艺过程进行编辑加工，就可生成新零件的加工工艺过程。

5）创成式 CAPP 系统

创成式系统也称为生成式系统。其基本思路是将人们设计工艺过程时用的推理和决策方法转换成计算机可以处理的决策模型、算法及程序代码，从而依靠系统决策，自动生成零件的工艺过程。

创成式 CAPP 系统主要依靠逻辑决策进行工艺设计。常见的三种逻辑决策方式有决策树、决策表以及专家系统技术。此外还需要一个数据库，库中存放各种加工方法、加工能力、机床、刀具、切削用量等有关数据。当向系统输入零件信息后，首先分析组成零件的各种几何特征，然后从数据库中找出与这些特征相对应的加工方法、加工顺序及加工参数等，通过逻辑决策模仿工艺师的决策过程，自动生成这个零件的工艺路线及工序，并输出工艺文件。

6）CAPP 专家系统

以人工智能技术为基础而形成的 CAPP 专家系统，在近 20 年得到了迅速发展。与创成式CAPP 系统相比，虽然二者都是自动生成工艺规程，但创成式 CAPP 是以"逻辑算法＋决策表"为特征，根据零件的信息进行一系列判断后，调用相应的子程序，生成工艺规程。而 CAPP 专家系统是以"推理＋知识"为特征，由零件信息输入模块、知识库、推理机三部分组成。其中知识库和推理机是互相独立的，其工作过程是根据输入的零件信息频繁地去访问知识库，并通过工艺决策中的控制策略，从知识库中搜索能够处理零件当前状态的规则，然后执行这条规则，并把每一次执行规则得到的结论部分按照先后顺序记录下来，直到零件加工达到一个终结状态，这个记录就是零件加工所要求的工艺规程。

CAPP 专家系统以知识结构为核心,按数据、知识、控制三级结构来组织系统,其知识库和推理机相互分离,这就增加了系统的灵活性。当生产环境有变化时,可以通过修改知识,加以新规则,使之适应新的要求,因而解决问题的能力大大加强。

CAPP 是连接 CAD 与 CAM 的桥梁,是实现 CIMS 的中心环节。使用人工智能专家系统为实现 CAD/CAM 一体化提供了良好的技术前景。CAPP 专家系统可以通过人工智能接口直接从 CAD 数据库中取得零件信息,有利于同 CAD 系统结合。有些 CAPP 专家系统还考虑了与生产管理系统的智能接口,从而为实现 CIMS 创造有利条件。

◀ 7.4 CAPP 技术在机械工程中的应用 ▶

工艺规程制定是工艺技术常规工作中工作量最大、重复性劳动最频繁的工作。计算机应用技术的迅速发展为机电制造业技术进步提供了有力的支持。随着 CAD/CAM 技术的迅速普及及应用,计算机辅助工艺过程设计技术在机械工程中的应用越来越广泛,已成为有助于摆脱繁重手工劳动、快速制定工艺文件的有效工具。

基于我国各企业生产习惯和工艺文件格式各异,CAPP 软件要做到满足灵活多样的个性化服务需要还有一定差距。有许多国内软件公司在获科学技术部资助后,开发并研制、生产了多个计算机辅助工艺过程制定软件,这些 CAPP 软件已经独立落户各地企业,承担起为工艺过程制定人员助一臂之力的重任,帮助工程技术人员甩掉笔、尺、图板等工具,避免大量的翻手册、填表格、绘工序图等繁重重复性耗时工作,快速地完成工艺文件的制定,是工艺技术人员的好帮手,并广为学校培养现代化人才服务,取得了较大社会反响,深得广大拥有者赞许,充分地得到了国家和社会的肯定。

在不断听取反馈意见,满足市场和个性化需求理念的推动之下,这些国产 CAPP 软件平台不断推陈出新,逐渐成长起来。

1. 开目 CAPP 软件介绍

开目 CAPP 实现企业产品工艺设计的数字化,是制造业信息化解决方案的重要组成部分,是实现企业产品设计到制造的桥梁。它创建的企业产品工艺数据和信息,可以提交给 PDM 系统统一存储和管理,和 CAD 的设计信息等一起构成完整的企业产品数据信息,并为企业后续的成本分析、生产计划安排等提供工时定额、材料定额、工艺路线等基础信息。开目 CAPP 可以灵活、方便、高效地和各种 PDM 系统、CAD 系统、ERP 系统进行良好的集成,从而消除信息孤岛,实现企业信息化的持续、稳定发展,保证用户在信息化投资上的延续性和有效性。

2. CAXA 工艺软件介绍

CAXA 工艺软件是国内具有自主版权的工艺管理软件,采用目前流行的"知识重用和知识再用"的主流思想,最大限度地发挥企业已有工艺知识、工艺经验以及 CAD 图形数据的再利用。能提供完备的工艺规程模板、表格样式等工具,满足企业工艺标准化要求;支持国家、行业和企业标准化工艺知识,用户也可根据需要定义自己的工艺知识,并方便地应用到工艺设计过程中去;同时将个人知识、企业知识灵活应用与结合,满足不同专业、不同特点的用户需要。

思 考 题

7-1 试述 CAPP 技术在 CAD/CAM 集成系统中的地位和作用。

7-2 发展 CAPP 有什么重要意义？

7-3 简述 CAPP 专家系统的基本原理及组成。

7-4 成组技术的基本原理是什么？

7-5 CAPP 系统常用的零件描述方法有哪些？分述其特点。

7-6 创成式 CAPP 系统的工艺决策方法有哪几种？试各举一例。

7-7 派生式 CAPP 系统与创成式 CAPP 系统的工作原理有何不同？

第 8 章
数控加工技术

随着制造技术的不断进步,数控加工技术在机械行业的应用越来越普遍。机械 CAD/CAM 和数控加工技术均是实现制造业信息化的核心技术,将 CAD/CAM 系统与 CNC 机床组成面向车间的系统,有机地结合起来,充分发挥数控机床的优越性,实现功能互补,进行合理的数控工艺规划与数控编程,用统一的执行控制程序来组织各种信息的提取、交换、共享和处理,保证系统内部信息流的畅通并协调各个系统有效地运行,不仅能大大节省设计、制造的周期,并在一定程度上可有效提高产品的加工质量和速度,同时也提高了整体生产水平。实现系统集成和设计制造一体化是机械 CAD/CAM 技术发展的一个最为显著的趋势,它代表了未来制造业的发展方向。

◀ 8.1 数控加工及编程 ▶

1. 数控加工的概念

数控加工技术简称"数控"(numerical control,NC),是指用数字、文字和符号组成的数字指令来实现一台或多台机械设备加工过程控制的技术。它所控制的通常是位置、角度、速度等机械量或与机械能量流向有关的开关量。数控的产生依赖于数据载体以及二进制数据运算的出现。

(1) 1908 年,穿孔的金属薄片互换式数据载体问世;

(2) 19 世纪末,以纸为数据载体并具有辅助功能的控制系统被发明;

(3) 1938 年,香农(美国数学家、信息论的创始人)在美国麻省理工学院进行了数据快速运算和传输的研究,奠定了现代计算机包括计算机数字控制系统的基础。

(4) 1952 年,第一台数控机床问世,成为世界机械工业史上一个划时代的事件,推动了自动化技术的发展。

数控加工综合了计算机、自动控制、电机、电气传动、测量、监控和机械制造等学科的内容,经历了半个多世纪的发展,已成为应用于当代各个制造领域的先进制造技术。

数控加工技术加工零件的质量和加工时间是由数控程序决定的,而不是由机床操作人员决定的。

数控加工是将待加工零件进行数字化表达,数控机床按数字量控制刀具和零件的运动,从而实现零件加工的过程。

被加工零件采用线架、曲面和实体等几何体来表示,CAM 系统在零件几何体基础上生成刀具轨迹,经过后置处理生成加工代码,将加工代码通过传输介质传给数控机床,使数控机床按数字量控制刀具运动,完成零件加工,其过程如图 8-1 所示。

这种加工方法共分为以下七个步骤:

(1) 零件数据准备。系统自带设计和造型功能或通过数据接口传入 CAD 数据,如 STEP、

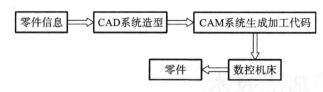

图 8-1　零件加工过程

IGES、SAT、DXF 和 X_T 等格式。在实际的数控加工中,零件数据不仅仅来自图样,特别是在广泛采用互联网的今天,零件数据往往通过测量或通过标准数据接口传输等方式得到。

（2）确定粗加工、半精加工和精加工方案。

（3）生成加工步骤的刀具轨迹。

（4）刀具轨迹仿真。

（5）后置输出加工代码。

（6）输出数控加工工艺技术文件。

（7）传给机床,实现加工。

2. 数控机床

1949 年,美国空军为了能在短时间内制造出经常变更设计的火箭零件,与帕森斯（Parsons）公司和麻省理工学院伺服机构研究所合作,于 1952 年研制成功世界上第一台数控机床——三坐标立式铣床,可以控制铣刀进行连续空间曲面的加工,揭开了数控加工技术的序幕。

数控机床是一种高效的自动化加工设备,它严格按照加工程序,自动地对被加工工件进行加工。我们把从数控系统外部输入的直接用于加工的程序称为数控加工程序,简称为数控程序,它是机床数控系统的应用软件。

1）数控机床的组成

数控机床是机电一体化的典型产品,是集机床、计算机、电机及拖动、自动控制、检测等技术为一体的自动化设备。现代数控系统都为计算机数控系统（computer numerical control,简称 CNC）。数控机床的基本组成包括加工程序、输入输出装置、数控装置、伺服系统、辅助控制装置、反馈系统及机床本体,如图 8-2 所示。

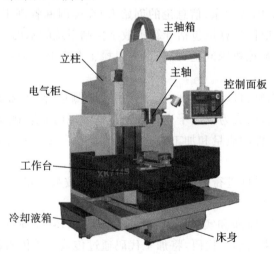

图 8-2　数控机床的构成

（1）操作面板　操作面板是操作人员与机床数控装置进行信息交流的工具,由按钮站、状态灯、按键阵列(功能与计算机键盘一样)和显示器组成,是数控机床特有的部件。

(2)控制介质与输入输出设备 控制介质是记录零件加工程序的媒介,输入输出设备是 CNC 系统与外部设备进行交互的装置。交互的信息通常是零件加工程序,即将编制好的记录在控制介质上的零件加工程序输入 CNC 系统或将调试好了的零件加工程序通过输出设备存放或记录在相应的控制介质上。表 8-1 所示为控制介质和输入输出设备表。

表 8-1 控制介质和输入输出设备表

控 制 介 质	输 入 设 备	输 出 设 备
穿孔纸带	纸带阅读机	纸带穿孔机
磁带	磁带机或录音机	
磁盘	磁盘驱动器	

(3)通信 现代的数控系统除采用输入输出设备进行信息交换外,一般都具有用通信方式进行信息交换的能力。它们是实现 CAD/CAM 的集成、FMS 和 CIMS 的基本技术。通信采用的方式有:串行通信(RS-232 等串口)、自动控制专用接口和规范(DNC、MAP 等)、网络技术(Internet、LAN 等)。

(4)CNC 装置(CNC 单元) CNC 装置是数控机床的核心部件,由计算机系统、位置控制板、PLC 接口板、通信接口板、特殊功能模块以及相应的控制软件组成。其用途为根据输入的零件加工程序进行相应的处理(如运动轨迹处理、机床输入输出处理等),然后输出控制命令到相应的执行部件(伺服单元、驱动装置和 PLC 等),CNC 装置内硬件和软件协调配合、合理组织,使整个系统有条不紊地进行工作。

(5)伺服单元、驱动装置和测量装置 伺服单元和驱动装置包括主轴伺服驱动装置和主轴电机、进给伺服驱动装置和进给电机;测量装置包括位置和速度测量装置,以实现进给伺服系统的闭环控制。其作用为保证灵敏、准确地跟踪 CNC 装置指令,进给运动指令,实现零件加工的成形运动(速度和位置控制);主轴运动指令,实现零件加工的切削运动(速度控制)。

(6)PLC(programmable logic controller)、机床 I/O 电路和装置 PLC 用于控制机床顺序动作,完成与逻辑运算有关的开关量 I/O 控制,它由硬件和软件组成。机床 I/O 电路和装置是实现开关量 I/O 控制的执行部件,即由继电器、电磁阀、行程开关、接触器等电器组成的逻辑电路。其功能有:接收 CNC 的 M、S、T 指令,对其进行译码并转换成对应的控制信号,控制辅助装置完成机床相应开关动作;接收操作面板和机床侧的 I/O 信号,送给 CNC 装置,经其处理后,输出指令控制 CNC 系统的工作状态和机床的动作。

(7)机床本体 数控机床的主体,是实现制造加工的执行部件,由主运动部件、进给运动部件(工作台、拖板以及相应的传动机构)、支承件(立柱、床身等)以及特殊装置(刀具自动交换系统、工件自动交换系统)和辅助装置(如排屑装置等)组成。

2)数控机床的分类

(1)按用途可分为以下三种:

①金属切削类数控机床 金属切削类数控机床有数控车床、数控铣床、数控钻床、数控镗床、数控磨床、数控镗铣床等,如图 8-3(a)所示。加工中心 MC 是带有刀库和自动换刀装置的数控机床。

②金属成型类数控机床 金属成型类数控机床有数控折弯机、数控弯管机和数控压力机等,如图 8-3(b)所示。

③数控特种加工机床 数控特种加工机床有数控电火花加工机床、数控激光加工机床等,

如图 8-3（c）所示。

(a)金属切削类数控机床　　(b)金属成型类数控机床　　(c)数控特种加工机床

图 8-3　按用途分类

（2）按运动方式（见图 8-4）可分为以下三种：

①点位控制系统　这类控制系统只控制工具相对工件从某一加工点移到另一个加工点之间的精确坐标位置。而对于点与点之间移动的轨迹不进行控制，且移动过程中不作任何加工。通常采用这一类系统的设备有数控钻床、数控镗床、数控冲床等。

②直线控制系统　这类系统不仅要控制点与点的精确位置，还要控制两点之间的移动轨迹是一条直线，且在移动中能以给定的进给速度进行加工。采用此类控制方式的设备有数控车床、数控铣床等。

③连续控制系统　连续控制系统又称为轮廓控制系统或轨迹控制系统。这类系统能够对两个或两个以上坐标方向进行严格控制，即不仅控制每个坐标的行程位置，同时还控制每个坐标的运动速度。各坐标的运动按规定的比例关系相互配合，精确地协调起来连续进行加工，以形成所需要的直线、斜线或曲线、曲面。采用此类控制方式的设备有数控车床、数控铣床、加工中心、电加工机床、特种加工机床等。

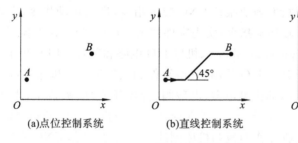

(a)点位控制系统　　　　(b)直线控制系统　　　　(c)连续控制系统

图 8-4　运动方式

（3）按控制方式可分为以下三种：

①开环控制系统　这类系统不装备位置检测装置，即无位移的实际值反馈，因而控制信号的流程是单向的，如图 8-5 所示。

②闭环控制系统　这种系统是带有位置检测装置，将位移的实际值反馈回去与指令值比较，用比较后的差值去控制，直至差值消除时才停止修正动作的系统。其工作过程如图 8-6 所示。

③半闭环控制系统　这种系统是闭环控制系统的一种派生。它与闭环控制系统的不同之处仅在于将检测元件装在传动链的旋转部位，它所检测到的不是工作台的实际位移量，而是与位移量有关的旋转轴的转角量。因此，其精度比闭环控制系统稍差，但这种系统结构简单，便于调整，检测元件价格也较低，因而是广泛使用的一种数控系统。其工作过程如图 8-7 所示。

从数控机床最终要完成的任务看，主要应对以下三方面进行控制：

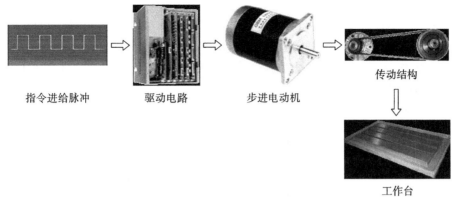

图 8-5 开环控制系统

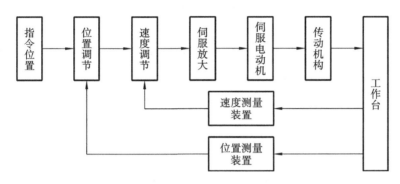

图 8-6 闭环控制系统

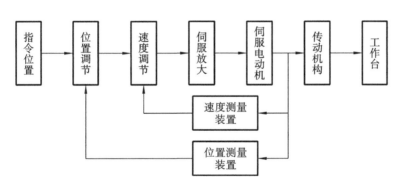

图 8-7 半闭环控制系统

（1）主运动 和通用机床一样，主运动主要完成切削任务，其动力约占整台机床动力的 70%~80%。基本控制要实现主轴的正、反转和停止，可自动换挡及无级调速；对加工中心和一些数控车床还必须具有准停控制和 C 轴控制功能。

（2）进给运动 数控机床的进给运动是通过进给伺服系统来实现的，这是数控机床区别于通用机床的重要方面之一。伺服控制的最终目的就是实现对机床工作台或刀具的位置控制，伺服系统中所采取的一切措施，都是为了保证进给运动的位置精度。

（3）输入/输出（I/O） 数控系统对加工程序处理后输出的控制信号除了对进给运动轨迹进行连续控制外，还要对机床的各种状态进行控制，这些状态包括主轴的变频控制，主轴的正、反转及停止，冷却和润滑装置的启动和停止，刀具自动交换，工件夹紧和放松及分度工作台转位等。

3）数控机床的工作原理

数控机床加工零件时,首先要将零件图纸上的几何信息和工艺信息用规定的代码和格式编写成加工程序,然后将加工程序输入数控装置,经过计算机的处理、运算,按各坐标轴的分量送到相应的驱动电路,经过转换、放大去驱动伺服电动机,使各坐标移动若干个最小位移量,并进行反馈控制,使各轴精确走到程序要求的位置,实现刀具与工件的相对运动,完成零件全部轮廓的加工,如图 8-8 所示。

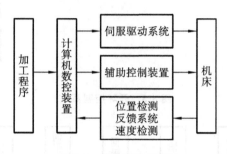

图 8-8　机床工作流程

数控插补就是 CNC 在给定曲线的起点、终点之间,按照一定的数学算法实时地计算出各个中间点的坐标,对数据点进行密化,并将其分解成相关坐标轴移动量的过程。常用的插补方式有逐点比较法及数字积分法。CNC 在插补过程中会不断地向各坐标轴发出相互协调的进给脉冲,脉冲经放大后驱动步进电动机或伺服电动机带动各坐标轴的滚珠丝杠和工作台运动。而 CNC 所发出的每一个脉冲驱动工作台运动的位移量就叫作脉冲当量。脉冲当量是脉冲分配的基本单位,脉冲当量会直接影响数控机床的加工速度及精度,它的值取得越小,加工精度越高。数控机床是基于数控程序(CNC 代码或 G、M 代码)而工作的。

数控插补分为下面三种(见图 8-9):

(1)直线插补　数控机床上刀具运动轨迹是直线的称为直线插补。根据直线上任意点斜率相等的原理可以导出偏差判别式。如图 8-9(a)所示,假设 OA 线段是拟加工直线轨迹,也就是程序给定的直线加工轨迹,其中:

O 点是坐标原点;

动点坐标为 (x_m, y_m);

终点坐标为 (x_e, y_e);

动点坐标的斜率为 y_m/x_m;

终点坐标的斜率为 y_e/x_e。

(2)圆弧插补　刀具运动轨迹是圆弧的称为圆弧插补。圆弧插补的基本原理是将刀具动点圆弧 $y_m^2 + x_m^2$ 与程序或图纸中给定的拟加工圆弧 R 相比较,同样根据偏差值得出圆弧插补判别式: $F_m = y_m^2 + x_m^2 - R^2$。其插补规则为:

当 $F_m > 0$ 时,动点沿 $-x$ 方向进给一步;

当 $F_m < 0$ 时,动点则沿 $+y$ 方向进给一步。

(3)积分插补　数字积分插补法可以实现一次、二次插补,甚至高次曲线的插补,也可以实现多坐标联动控制。它只要输入不多的几个数据,就能加工出圆弧等形状较为复杂的轮廓曲线。积分插补原理从几何概念上说,函数的积分运算就是求此函数曲线所包围的面积

$$S = \int_a^b f(x) \mathrm{d}x$$

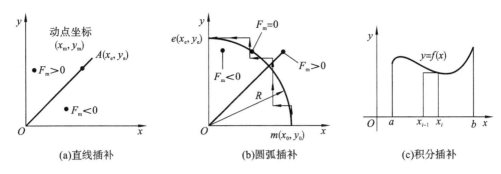

图 8-9 插补原理图

4）数控机床的应用范围及特点

数控机床的应用范围包括多品种小批量生产的零件,形状结构比较复杂的零件,需要频繁改型的零件,价值昂贵、不允许报废的关键零件,需要最小周期的急需零件,批量较大、精度要求高的零件,如图 8-10 所示。

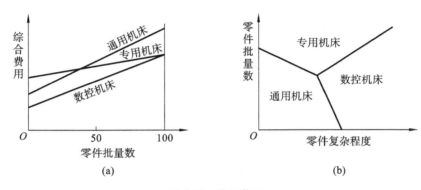

图 8-10 应用范围

数控机床具有以下特点:①数控系统取代了通用机床的手工操作,具有充分的柔性,只要重新编制零件加工程序,更换相应工装,就能加工出新的零件。②零件加工精度一致性好,避免了通用机床加工时人为因素的影响。③生产周期短,特别适合小批量、单件零件的加工。④可加工形状复杂的零件,如二维轮廓或三维轮廓加工。⑤易于调整机床,与其他加工方法相比,所需调整时间较少。⑥易于建立计算机通信网络。⑦设备初期投资大。⑧由于系统本身的复杂性,增加了维修的技术难度和维修费用。

5）数控机床的发展趋势

（1）从 NC 到 CNC 当前全功能数控系统的特点有:选用高速微处理器,配置高速、功能强的可编程控制器,CRT 图形显示、人机对话功能及自诊断功能,具有多种监控、检测及补偿功能,CNC 的智能化,通信功能,标准化、通用化和模块化,开放性,高可靠性。

（2）数控伺服系统的发展 全数字式控制系统,采用高分辨力的位置检测装置,软件补偿,前馈控制,机械静、动摩擦的非线性控制技术。

（3）以数控机床为基础的自动化生产系统 计算机直接数控系统（DNC）:用一台通用计算机直接控制和管理一群数控设备进行零件加工或装配的系统。柔性制造单元（FMC）和柔性制造系统（FMS）:柔性制造单元是由加工中心与工件自动交换装置组成,同时数控系统还增加了自动检测与工况自动监控等功能,如工件尺寸测量补偿、刀具损坏和寿命监控等。柔性制造系统是在 DNC 基础上发展起来的一种高度自动化加工生产线,由数控机床、物料和工具自动搬运设备、产品零件自动传输设备、自动检测和实验设备等组成。

（4）计算机集成制造系统。

◄ 8.2 数控加工工艺基础 ►

1. 数控加工工艺概述

数控加工工艺是采用数控机床加工零件时所运用的各种方法和技术手段的总和,应用于整个数控加工工艺过程。数控加工工艺是伴随着数控机床的产生、发展而逐步完善起来的一种应用技术,它是人们大量数控加工实践的经验总结。数控加工工艺的主要内容有:①选择并确定进行数控加工的零件及内容;②对零件图纸进行数控加工的工艺分析,明确加工内容及技术要求;③设计数控加工的工艺路线(如划分工序、安排加工工序、处理数控工序与普通工序的衔接等);④设计数控加工工序(如工步的划分、工件的安装与夹具的选择、刀具的选择、切削用量的选择等);⑤处理特殊工艺问题(如对刀点、换刀点的选择等);⑥数控加工工艺文件的定型与归档。

数控对加工零件的选择主要有以下三类:

(1)最适应类 ①形状复杂,加工要求精度高,用普通机床无法加工或很难保证质量的零件;②具有复杂曲面或曲线轮廓的零件;③具有难测量、难控制进给、难控制尺寸的内腔型壳体类零件或盒形零件;④必须在一次装夹中完成铣、镗、锪、铰或攻螺纹等多道工序的零件。

(2)较适应类 ①普通机床上加工易受人为因素干扰、价值较高的零件;②尚未定型(试制中)产品的零件;③在普通机床上加工必须设计和制造复杂专用工装或需要做长时间调整的零件;④在普通机床上加工时,生产率很低或劳动强度大的零件。

(3)不适应类 ①生产批量较大的零件;②装夹困难或完全靠找正定位来保证加工精度的零件;③加工余量不稳定的零件;④必须用特定工艺装备协调加工的零件。

数控加工零件选定以后,并不一定要在数控机床上完成所有加工工序,而应根据零件图样,选择最适合、最需要进行数控加工的工序,充分发挥数控加工的优势。一般可以按以下顺序考虑:

(1)普通机床无法加工的内容应作为优先选择内容。

(2)普通机床难加工,质量也难以保证的内容应作为重点选择内容。

(3)普通机床加工效率低,工人手工操作劳动强度大的内容,可在数控机床尚有加工能力的基础上进行选择。

相比之下,下列一些加工内容则不宜选择数控加工:

(1)需要用较长时间占机调整的加工内容。

(2)加工余量极不稳定,且数控机床上又无法自动调整零件坐标位置的加工内容。

(3)不能在一次装夹中加工完成的零星分散部位,采用数控加工很不方便,效果不明显,可以安排普通机床补充加工。

此外,要考虑生产批量、生产周期、工序间周转情况等因素,要尽量合理使用数控机床,达到产品质量、生产率及综合经济效益等指标都明显提高的目的,要防止将数控机床降格为普通机床使用。

2. 数控加工工艺分析

1)零件的工艺性分析

(1)产品的零件图和装配图分析 ①零件图的完整性与正确性分析。②零件技术要求分析:零件的技术要求主要指尺寸精度、形状精度、位置精度、表面粗糙度及热处理等,这些要求在保证零件使用性能的前提下应经济合理,过高的精度和表面粗糙度要求会使工艺过程复杂、加工困难、成本提高。③尺寸标注方法分析:应采用集中标注,或以同一基准标注,即标注坐标尺寸。④零件材料分析。汽车板弹簧与吊耳的配合如图 8-11 所示。

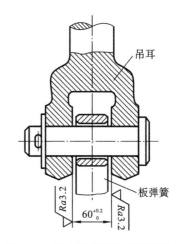

图 8-11 汽车板弹簧与吊耳的配合

(2)零件的结构工艺性分析 人们把零件在满足使用要求的前提下所具有的制造可行性和加工经济性叫作零件的结构工艺性。

2)毛坯的确定

毛坯的确定包括确定毛坯的种类和制造方法两个方面。

常用的毛坯种类有铸件、锻件、型材、焊接件等。如铸铁材料毛坯均为铸件,钢材料毛坯一般为锻件或型材等。

3. 数控加工工艺路线的设计

1)数控机床典型表面加工方法及加工方案简介

(1)平面加工。

平面加工方法常用的有刨削、铣削、磨削、车削和拉削。精度要求高的平面还需要经过研磨或刮削加工。

①刨削加工的特点是刀具结构简单、机床调整方便。在龙门刨床上可以利用几个刀架,在一次装夹中同时或依次完成若干个表面的加工。精刨还可以代替刮削。

②铣削生产率高于刨削,在中批以上生产中多用铣削加工平面。当加工尺寸较大的箱体平面时,常在多轴龙门铣床上,用几把铣刀同时加工几个平面(见图 8-12)。

③平面磨削和拉削的加工质量比刨和铣都高。生产批量较大时,平面常用磨削或拉削来精加工。磨削适用于直线度及表面粗糙度要求高的淬硬工件和薄片工件,也适用于未淬硬钢件上面积较大的平面的精加工。但不宜加工塑性较大的有色金属。常采用组合磨削来精加工平面(见图 8-13)。拉削适用于大批量生产中的加工质量要求较高且面积较小的平面。

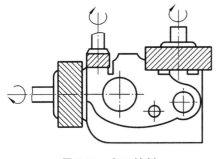

图 8-12 多刀铣削

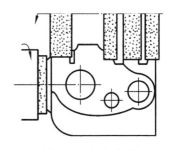

图 8-13 组合磨削

④车削主要用于回转体零件的端面的加工,以保证端面与回转轴线的垂直度要求。

⑤最终工序为刮研的加工方案多用于单件小批量生产中配合表面要求高且不淬硬平面的加工。当批量较大时可用宽刀细刨代替刮研。宽刀细刨特别适用于加工像导轨面这样的狭长

平面。

⑥最终工序为研磨的加工方案适用于高精度、小表面粗糙度的小型零件的精密平面,如量规等精密量具的表面。

(2) 外圆面加工。

外圆面加工方法常用的有车削和磨削。当表面粗糙度要求较高时,还要经光整加工。

①车削是加工外圆表面的主要方法。小批量生产时,在卧式车床上进行;大批量生产时,多采用高效率的液压仿形车床或多刀半自动车床。最终工序为车削的加工方案,适用于除淬火钢以外的各种金属。

②磨削是精加工外圆表面的重要方法。最终工序为磨削的加工方案,适用于淬火钢、未淬火钢和铸铁,不适用于有色金属。

③对于精度要求高的如精密的主要外圆面还需要光整加工,如研磨、超精磨及超精加工等,为提高生产效率和加工质量,一般在光整加工前进行精磨。

④最终工序为精细车或金刚车的加工方案,适用于要求较高的有色金属的精加工。

⑤对表面粗糙度要求高,而尺寸精度要求不高的外圆,可采用滚压或抛光。

(3) 内孔加工。

单孔的加工方法有钻孔、扩孔、铰孔、镗孔、拉孔、磨孔和光整加工。一般采用钻、扩、铰,$D>20$ mm 的孔采用镗削加工,有些盘类的孔采用拉削加工。精度要求高的孔有时采用磨削加工。单孔分类及加工工艺性如表 8-2 所示。

表 8-2　单孔分类及加工工艺性

分　类		加工工艺性
通孔	短圆柱孔($L/D=1\sim1.5$)	工艺性最好
	深孔($L/D>5$)	若深孔精度要求较高、表面粗糙度值较小,加工就很困难
阶梯孔		阶梯孔的工艺性较差,孔径相差越大,其中最小孔径又很小时,则工艺性更差
相贯通的交叉孔		相贯通的交叉孔的工艺性较差
不通孔		不通孔的工艺性最差

①加工精度为 IT9 级的孔,当孔径小于 10 mm 时,可采用钻—铰方案;当孔径大于 10 mm、小于 30 mm 时,可采用钻—扩方案;当孔径大于 30 mm 时,可采用钻—镗方案。工件材料为淬火钢以外的各种金属。

②加工精度为 IT8 级的孔,当孔径小于 20 mm 时,可采用钻—铰方案;当孔径大于 20 mm 时,可采用钻—扩—铰方案,适用于加工淬火钢以外的各种金属,但孔径应在 20～80 mm 之间,此外也可采用最终工序为精镗或拉削的方案。淬火钢可采用磨削加工。

③加工精度为 IT7 级的孔,当孔径小于 12 mm 时,可采用钻—粗铰—精铰方案;当孔径为 12～60 mm 时,可采用钻—扩—粗铰—精铰方案或钻—扩—拉方案。若毛坯上已铸出或锻出孔,可采用粗镗—半精镗—精镗方案或粗镗—半精镗—磨孔方案。最终工序为铰孔的方案适用于未淬火钢或铸铁,对有色金属铰出的孔表面粗糙度值较大,常用精细镗孔替代铰孔。最终工序为拉孔的方案适用于大批量生产,工件材料为未淬火钢、铸铁和有色金属。最终工序为磨孔的方案适用于加工除硬度低、韧性大的有色金属以外的淬火钢、未淬火钢及铸铁。

④加工精度为 IT6 级的孔,最终工序采用手铰、精细镗、研磨或珩磨等均能达到,视具体情况选择。韧性较大的有色金属不宜采用珩磨,可采用研磨或精细镗。研磨对大、小直径孔均适用,而珩磨只适用于大直径孔的加工。

孔系:有相互位置精度要求的孔的组合称为孔系,孔系可分为平行孔系、同轴孔系和交叉孔系(见图 8-14)。

平行孔系孔距精度可以用找正法、镗模法、坐标法及数控法等保证,同轴孔系的同轴度主要由镗模保证;交叉孔系有关孔的垂直度在普通镗床上主要靠机床工作台上的 90°对准装置来保证。

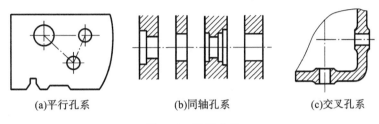

(a)平行孔系　　　　(b)同轴孔系　　　　(c)交叉孔系

图 8-14　孔系分类

(4) 平面轮廓和曲面轮廓的加工。

①平面轮廓。

平面轮廓常用的加工方法有数控铣削、线切割及磨削等。对于图 8-15(a)所示的内平面轮廓,当曲率半径较小时,可采用数控线切割方法加工。若选择铣削方法,因铣刀直径受最小曲率半径的限制,直径太小,刚性不足,会产生较大的加工误差。对于图 8-15(b)所示的外平面轮廓,可采用数控铣削方法加工,常用粗铣—精铣方案,也可采用数控线切割方法加工。对精度及表面粗糙度要求较高的轮廓表面,在数控铣削加工之后,再进行数控磨削加工。数控铣削加工适用于除淬火钢以外的各种金属,数控线切割加工可用于各种金属,数控磨削加工适用于除有色金属以外的各种金属。

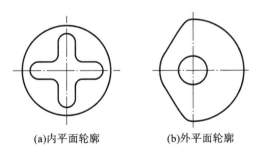

(a)内平面轮廓　　　　(b)外平面轮廓

图 8-15　平面轮廓类零件

②立体曲面轮廓。

立体曲面轮廓的加工方法主要是数控铣削,多用球头铣刀,以"行切法"加工,如图 8-16 所示。根据曲面形状、刀具形状以及精度要求等通常采用两轴半联动或三轴联动。对精度和表面粗糙度要求高的曲面,当用三轴联动的"行切法"加工不能满足要求时,可用模具铣刀选择四坐标或五坐标联动加工。

2) 加工阶段的划分

(1) 粗加工阶段　在这一阶段中要切除大量的加工余量,使毛坯在形状和尺寸上接近零件成品,因此主要目标是提高生产率。

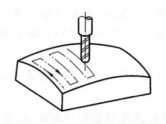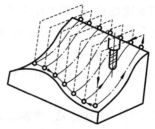

图 8-16　曲面的行切法加工

（2）半精加工阶段　在这一阶段中应为主要表面的精加工作好准备（达到一定加工精度，保证一定的加工余量），并完成一些次要表面的加工（钻孔、攻螺纹、铣键槽等），一般在热处理之前进行。

（3）精加工阶段　保证各主要表面达到图样规定的尺寸精度和表面粗糙度要求，主要目标是全面保证加工质量。

（4）光整加工阶段　对于零件上精度要求很高、表面粗糙度值要求很小（IT6 及 IT6 以上，$Ra \leqslant 0.2~\mu m$）的表面还需进行光整加工，主要目标是以提高尺寸精度和减小表面粗糙度值为主，一般不用以纠正形状精度和位置精度。

（5）超精密加工阶段该阶段是按照超稳定、超微量切除等原则，实现加工尺寸误差和形状误差在 $0.1~\mu m$ 以下的加工技术。

3）工序的划分

（1）工序划分原则（见表 8-3）。

①工序集中原则，就是指每道工序包括尽可能多的加工内容，将工件的加工集中在少数几道工序内完成。其特点如下：

a. 减少了设备的数量，减少了操作工人和生产面积。

b. 减少了工序数目，减少了运输工作量，简化了生产计划工作，缩短了生产周期。

c. 减少了工件的装夹次数，不仅有利于提高生产率，而且由于在一次装夹下加工了许多表面，也易于保证这些表面的位置精度。

d. 因为采用的专用设备和专用工艺装备数量多而复杂，因此机床和工艺装备的调整、维修费时费事。

②工序分散原则，就是将工件的加工分散在较多的工序内进行。每道工序的加工内容很少，最少时即每道工序仅完成一个简单的工步。其特点如下：

a. 采用比较简单的机床和工艺装备。

b. 对工人的技术要求低。

c. 生产准备工作量小，容易变换产品。

d. 设备数量多，工人数量多，生产面积大。

表 8-3　工序划分原则

工序划分	适用性	
工序集中	大批量生产，使用多刀、多轴等高效机床时	成批生产时
	数控机床，特别是加工中心的应用	
	对于尺寸和质量都很大的重型零件	
工序分散	由组合机床组成的自动线上加工	
	对于刚性差且精度高的精密零件	

（2）工序划分方法。

在数控机床上加工的零件按工序集中原则划分工序的方法如下：

①按所用刀具划分即以同一把刀具完成的那一部分工艺过程为一道工序。加工中心常用这种方法划分工序。

②按安装次数划分即以每一次装夹完成的那一部分工艺过程作为一道工序。这种方法适合于加工内容不多的工件，加工完成后就能达到待检状态。

③按粗、精加工划分即以粗加工中完成的那一部分工艺过程为一道工序，以精加工中完成的那一部分工艺过程为一道工序。这种划分方法适用于加工后变形较大，需粗、精加工分开的零件，如毛坯为铸件、焊接件或锻件的零件。

④按加工部位划分即以完成相同型面（如内形、外形、曲面和平面等）的那一部分工艺过程为一道工序。用于加工表面多而复杂的零件。

4）加工顺序的安排

（1）切削加工顺序的安排原则。

①基面先行原则　加工一开始，总是先把精基面加工出来，因为定位基准的表面越精确，装夹误差就越小，所以任何零件的加工过程，总是首先对定位基准面进行粗加工和半精加工，必要时还要进行精加工。如果精基面不止一个，按照基面转换的顺序和逐步提高加工精度的原则来安排基面和主要表面的加工。

②先粗后精原则　各个表面的加工按照粗加工—半精加工—精加工—光整加工的顺序依次进行，这样才能逐步提高加工表面的精度和减小表面粗糙度值。

③先主后次原则　零件上的工作表面及装配面属于主要表面，应先加工，从而能及早发现毛坯中主要表面可能出现的缺陷。自由表面、键槽、紧固用的螺孔和光孔等表面，属于次要表面，可穿插进行，一般安排在主要表面加工达到一定精度后、最终精加工之前进行。

④先面后孔原则　对于箱体、支架和机体类零件，平面轮廓尺寸较大，一般先加工平面，后加工孔和其他尺寸。

⑤先内后外原则　即先进行内形内腔加工工序，后进行外形加工工序。

⑥上道工序的加工不能影响下道工序的定位与夹紧。

⑦以相同装夹方式或用同一刀具加工的工序，最好连续进行，以减少重复定位次数。

⑧在同一次装夹中进行的多道工序，应先安排对工件刚性破坏较小的工序。

（2）热处理工序的安排（见图 8-17）。

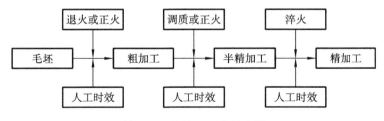

图 8-17　热处理工序的安排

①预备热处理　安排在机械加工之前，以改善材料的切削性能及消除内应力为主要目的。常用的方法有退火、正火和调质。

②去除内应力热处理　主要是消除毛坯制造或工件加工过程中产生的残余应力。一般安排在粗加工之后、精加工之前，常用的方法有人工时效、退火等。

③最终热处理　以达到图样规定的零件强度、硬度和耐磨性为主要目的,常用的方法有表面淬火、渗碳、渗氮和调质等,应安排在半精加工之后、磨削加工之前。渗氮处理可以放在半精磨之后、精磨之前。

另外,对于床身、立柱等铸件,常在粗加工前及粗加工后进行自然时效,以消除内应力。

(3) 辅助工序的安排。

辅助工序的种类很多,如检验、去毛刺、倒棱边、去磁、清洗、动平衡、涂防锈漆和包装等。辅助工序也是保证产品质量所必要的工序,若缺少了辅助工序或辅助工序要求不严,将给装配工作带来困难,甚至使机器不能使用。其中检验工序是主要的辅助工序,它是监控产品质量的主要措施,除在每道工序的进行中操作者都必须自行检查外,还须在下列情况下安排单独的检验工序:

①粗加工阶段结束之后。

②重要工序之后。

③零件从一个车间转到另一个车间时。

④特种性能(磁力擦伤、密封性等)检验之前。

⑤零件全部加工结束之后。

(4) 数控加工工序与普通工序的衔接。

有些零件的加工是由普通机床和数控机床共同完成的,数控机床加工工序前后一般都穿插有其他普通工序,如衔接不好就容易产生矛盾,因此要解决好数控加工工序与普通工序之间的衔接问题。较好的解决办法是建立工序间的相互状态要求。例如,要不要为后道工序留加工余量,留多少;定位孔与面的精度及形位公差是否满足要求;对校形工序的技术要求;对毛坯的热处理要求等,都需要前后兼顾、统筹衔接。

4. 数控加工工序设计

数控加工工序设计的主要任务是为每一道工序选择机床、夹具、刀具及量具,确定定位夹紧方案、走刀路线、工步顺序、加工余量、工序尺寸及其公差、切削用量和工时定额等。

1) 路线的确定

(1) 进给路线的确定。

刀具在整个加工工序中相对于工件的运动轨迹,称为走刀路线。确定走刀路线时遵循的原则如下:

①保证零件的加工精度和表面粗糙度;

②走刀路线最短,减少刀具空行程时间,提高加工效率;

③最终轮廓一次走刀完成;

④尽量简化数学处理时的数值计算工作量,简化编程;

⑤当某段进给路线重复使用时,为简化编程、缩短程序长度,应使用子程序。

(2) 孔加工进给路线的确定。

①孔距尺寸公差的转换,一般将非对称性尺寸公差转换为对称性尺寸公差;

②孔加工轴向有关距离尺寸的确定;

③孔的加工顺序安排。

(3) 铣削加工时进给路线的确定。

①铣削加工时,应注意设计好刀具切入点与切出点,应沿切线切入、沿切线切出。

②铣削内槽的进给路线。所谓内槽是指以封闭曲线为边界的平底凹槽,一律用平底立铣刀

加工,刀具圆角半径应符合内槽的图纸要求。

③顺铣和逆铣的选择(见图 8-18)。顺铣:铣刀的走刀方向与在切削点的切削分力方向相同。逆铣:铣刀的走刀方向与在切削点的切削分力方向相反。当工件表面无硬皮,机床进给机构无间隙时,应选用顺铣,因为采用顺铣加工后,零件已加工表面质量好,刀齿磨损小。精铣时,尤其是零件材料为铝镁合金、钛合金或耐热合金时,应尽量采用顺铣。当工件表面有硬皮,机床的进给机构有间隙时,应选用逆铣,因为逆铣时,刀齿是从已加工表面切入,不会崩刀。机床进给机构的间隙不会引起振动和爬行。

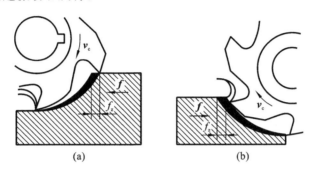

图 8-18　顺铣和逆铣选择图

2) 工件的安装与夹具的确定

(1) 工件安装的基本原则。

首先应遵循前面所述有关定位基准的选择原则与工件夹紧的基本要求,同时注意下列三点:

①力求设计基准、工艺基准与编程原点统一,以减少基准不重合误差和数控编程中的计算工作量。

②设法减少装夹次数,尽可能做到在一次定位装夹中,能加工出工件上全部或大部分待加工表面,以减少装夹误差,提高加工表面之间的相互位置精度,充分发挥数控机床的效率。

③避免采用占机人工调整方案,以免占机时间太多,影响加工效率。

(2) 夹具的选择。

数控加工的特点对夹具提出的基本要求有:

①保证夹具的坐标方向与机床的坐标方向相对固定;

②要能协调零件与机床坐标系的尺寸;

③单件小批量生产时,优先选用组合夹具、可调夹具和其他通用夹具,以缩短生产准备时间和节省生产费用;

④在成批生产时,才考虑采用专用夹具,并力求结构简单;

⑤零件的装卸要快速、方便、可靠,以缩短机床的停顿时间,减少辅助时间,批量较大的零件加工可采用气动或液压夹具、多工位夹具;

⑥夹具上各零部件应不妨碍机床对零件各表面的加工,即夹具要开敞,其定位、夹紧元件不能影响加工中的走刀(如产生碰撞等)。

3) 刀具的选择

(1) 刀具选择总的原则。

刀具性能上应考虑以下几个方面:

①切削性能好。为适应粗加工或对难加工材料的加工,能采用大的背吃刀量和高速进给,刀具必须具有能够承受高速切削和强力切削的性能。同时,同一批刀具在切削性能和刀具寿命

方面一定要稳定,以便对刀具寿命进行管理。

②精度高,尺寸稳定,安装调整方便。为适应数控加工的高精度和自动换刀等要求,刀具必须具有较高的精度。

③可靠性高。要保证数控加工中不会发生刀具意外损坏及潜在缺陷而影响到加工的顺利进行,要求刀具及与之组合的附件必须具有很好的可靠性及较强的适应性。

④耐用度高。不论在粗加工或精加工中,都应具有更高的耐用度,以尽量减少更换或修磨刀具及对刀的次数,从而提高数控机床的加工效率。

⑤断屑及排屑性能好。数控加工中,断屑和排屑不像普通机床加工那样,能及时由人工处理,影响加工质量和机床的顺利、安全运行,所以要求刀具应具有较好的断屑和排屑性能。

总的来说,数控刀具既要求精度高、强度大、刚性好、耐用度高,又要求尺寸稳定、安装调整方便。在满足加工要求的前提下,尽量选择较短的刀柄。

(2)切削刀具材料。

当代所使用的金属切削刀具材料有高速钢、硬质合金、陶瓷、立方氮化硼(CBN)、聚晶金刚石。

①高速钢。高速钢是一种含钨、钼、铬、钒等合金元素的高合金工具钢,具有良好的热稳定性(550~600 ℃),具有较高强度和韧性,具有一定的硬度(HRC63~70)和耐磨性。

②硬质合金。硬质合金是由高硬度的难熔金属碳化物和金属黏结剂经高温烧结成的粉末冶金制品。硬度高,HRC86~93。热硬性好,1000 ℃仍能保持较好的切削性能。切削速度高,耐磨性好,切削速度是高速钢的5~10倍,脆性大,抗弯强度和抗冲击韧性不强。抗弯强度只有高速钢的1/3~1/2,抗冲击韧性只有高速钢的1/35~1/4。制造工艺较差,刀具制造不如高速钢刀具方便。导热性不如高速钢。

③陶瓷材料。陶瓷材料主要由硬度和熔点都很高的氧化物、氮化物组成,另外还有少量的金属碳化物、氧化物等添加剂,通过粉末冶金工艺方法制成。硬度高(HRC90~95),可加工传统刀具难以加工或根本不能加工的高硬材料。切削速度高,耐磨性可比硬质合金材料高十几倍。可进行高速切削或实现"以车、铣代磨",切削效率比传统刀具高3~10倍。摩擦系数低,用该类刀具加工时能提高表面光洁度。脆性大,抗冲击性能很差,抗弯强度低,只有硬质合金材料的1/2左右。热导率低。热硬性好(1200 ℃)。化学稳定性好,很难与周围介质发生化学反应。不仅用于不同钢料和各种铸铁、高硬度材料及高精度零件的精加工,也适合于加工有色金属和非金属材料。使用陶瓷刀具,无论什么情况下都要使用负前角。陶瓷刀具在下列情况下使用效果不佳:短零件的加工,冲击大的断续切削和重切削,铍、镁、铝和钛等的单质材料及其合金的加工。

④金刚石。金刚石刀具主要有天然金刚石刀具(JT)、人造聚晶金刚石刀具(JR)两种类型。硬度和耐磨性极高,耐磨性是硬质合金的60~80倍;切削刃锋利,能实现超精密微量加工和镜面加工;导热性很高;耐热性差,700~800 ℃将碳化;强度低,脆性大,对振动很敏感。与铁有很强的亲和力,不适宜加工钢铁材料;制造工艺差。主要用于高速条件下精细加工有色金属及其合金和非金属材料,或制作成磨料使用。

⑤立方氮化硼。人造材料,由六方氮化硼在高温高压下合成。硬度高,硬度仅次于金刚石;耐磨性极高;热硬性好(1400 ℃);热稳定性好,有较高的导热性和较小的摩擦系数,高温下不与铁发生化学反应;成本昂贵;强度和韧性较差。通常采用负前角前提下的高速切削。目前主要用于加工淬硬钢、冷硬铸铁、高温合金和一些以前只能通过磨削进行加工的特殊材料,可实现"以车、铣代磨"。不宜加工塑性大的钢件和镍基合金,也不适合加工铝合金和铜合金。

（3）刀具的选择。

刀具的选择主要遵循以下 5 个原则：

①根据数控加工对刀具的要求，选择刀具材料的一般原则是尽可能选用硬质合金刀具。

②陶瓷刀具不仅用于加工各种铸铁和不同钢料，也适用于加工有色金属和非金属材料。

③金刚石和立方氮化硼都属于超硬刀具材料，它们可用于加工任何硬度的工件材料，具有很高的切削性能，加工精度高，表面粗糙度值小。聚晶金刚石一般仅用于加工有色金属和非金属材料。

④立方氮化硼一般适用于加工硬度大于 450HBS 的冷硬铸铁、合金结构钢、工具钢、高速钢、轴承钢以及硬度大于 350HBS 的镍基合金、钴基合金和高钴粉末冶金零件。

⑤用涂层刀具以提高耐磨性和耐用度。涂层刀具是在韧性较好的硬质合金基体上或高速钢刀具基体上，涂覆一层耐磨性较高的难熔金属化合物而制成的，如图 8-19 所示。常用的涂层材料有 TiC、TiN、Al_2O_3 等。涂层刀具具有高的抗氧化性能和抗黏结性能，因此具有较高的耐磨性。主要用于车削、铣削等加工，由于成本较高，还不能完全取代未涂层刀具的使用。不适合受力大和冲击大的粗加工、高硬材料的加工以及进给量很小的精密切削。

图 8-19 带有涂层的刀具

（4）切削用量的确定。

切削用量包括主轴转速（切削速度）、背吃刀量、进给量（进给速度）。切削用量的选择原则：粗加工时，一般以提高生产率为主，但也要考虑经济性和加工成本；半精加工和精加工时，应在保证加工质量的前提下，兼顾切削效率、经济性和加工成本。因此，在工艺系统刚性允许时，应首先选择一个尽可能大的背吃刀量 a_p，其次选择一个较大的进给速度 f，最后在刀具耐用度和机床功率允许条件下选择一个合理的主运动速度 v_c。

切削用量的确定：

①背吃刀量 a_p(mm)的选择：主要根据加工余量和工艺系统的刚度确定。在刚度允许的情况下，粗加工时，在留下加工的余量后，尽可能一次走刀将剩下的余量切除；当冲击载荷较大（如断续表面）或工艺系统刚度较差时，可适当降低，使切削力减小；精加工时，应根据粗加工留下的余量确定，在数控机床上，精加工余量可小于普通机床。

②主轴转速 n(r/min)的选择：主要根据允许的切削速度 v_c 来选择，$n=1000\ v_c/(\pi D)$。切削速度提高，也能提高生产率，但切削速度与刀具耐用度关系密切，故切削速度的选择主要取决于刀具耐用度。

③进给量 f 的选择：粗加工时，f 主要受刀杆、刀片和机床、工件等强度、刚度所承受的切削

力限制,一般根据刚度来选。工艺系统刚度好时可用大些的 f,反之适当降低 f。精加工、半精加工时,f 应根据工件的加工精度和表面粗糙度要求以及刀具和工件的材料来选择。Ra 要求小的,取较小的 f,但又不能过小,因为 f 过小,切削厚度过薄,Ra 反而增大,且刀具磨损加剧。

(5)对刀点和换刀点的确定。

数控加工中刀具相对于工件运动的起点,称为对刀点。选择对刀点的原则是:①便于数学处理(基点和节点的计算)和使程序编制简单;②在机床上容易找正;③加工过程中便于测量检查;④引起的加工误差小。

(6)测量方法的确定。

一般情况下,数控加工后的测量方法与普通机床加工后的测量方法几乎相同,单件小批生产中应采用通用量具;大批量生产中应采用各种量规和一些高生产率的专用检具与量仪等。量具的精度必须与加工精度相适应。在特殊情况下,需采用特殊测量工具来进行检测。加工较复杂工件时,为了在加工中能随时掌握质量情况,应安排几次计划停机,用人工介入方法进行中间检测。

(7)数控加工工艺守则。

①加工前的准备 a.操作者必须熟悉机床的性能、加工范围和精度,并要熟练掌握操作方法。b.检查各开关、旋钮和手柄是否在正确位置。c.启动控制电气部分,按规定进行预热。d.开动机床使其空运转,检查各开关、按钮和手柄的灵敏性及润滑系统是否正常。e.熟悉被加工件的加工程序和编程原点。

②刀具与工件的装夹 a.安放刀具时注意刀具的使用顺序,刀具的安放位置必须与程序要求的一致。b.工件的装夹应牢固可靠,注意避免在工作中刀具、工件、夹具三者之间发生干涉。

③加工 a.进行首件加工前,必须经过试走程序、轨迹检查、单段试切及工件尺寸检查等步骤。b.在加工时,必须正确输入程序,不得擅自更改程序。c.在加工过程中操作者应随时监视显示装置,发现报警信号时应及时停车排除故障。

◀ 8.3 数控程序的编制方法 ▶

1. 数控编程的标准与代码

为了数控机床的设计、制造、维护、使用以及推广的方便,经过多年的不断实践与发展,在数控编程中所使用的输入代码、坐标位移指令、辅助指令、主运动和进给速度指令、刀具指令及程序格式等都已形成了一系列的标准。但是,各生产厂家使用的代码、指令等不完全相同,编程时必须遵照具体机床编程手册中的规定。下面对数控加工中使用的有关代码加以介绍。

1)穿孔纸带及代码

穿孔纸带是早期数控机床上应用较广的输入介质,在纸带上利用穿孔的方式记录着零件加工程序的指令。国际上及我国广泛使用 8 单位的穿孔纸带。穿孔纸带的编码国际上采用 ISO 或 EIA 标准。

ISO 标准代码为七位编码,而 EIA 为六位编码(不包括奇偶校验位),因而 ISO 代码数比 EIA 多一倍。ISO 代码规律性强,数字代码第五、六列有孔,字母的第七列均有孔,符号第七列或第六列均有孔。这些规律为解读纸带及数控系统的设计都带来方便。

2）数控机床坐标系命名

为了保证数控机床的正确运动,避免工作不一致性,简化编程和便于培训编程人员,统一规定了数控机床坐标轴的代码及其运动的正、负方向。根据 ISO 标准及我国 GB/T 19660－2005 标准,数控机床的坐标轴命名规定如下:机床的直线运动采用笛卡儿直角坐标系,其坐标命名为 X、Y、Z,使用右手定律判定方向,如图 8-20(a)所示。右手的大拇指、食指和中指互相垂直时,则拇指的方向为 X 坐标轴的正方向,食指为 Y 坐标轴的正方向,中指为 Z 坐标轴的正方向。以 X、Y、Z 坐标轴线或以与 X、Y、Z 坐标轴平行的坐标轴线为中心回转的轴分别称为 A、B、C 轴。A、B、C 轴的正方向按右手螺旋定律确定,如图 8-20(b)所示。当右手握紧并竖起拇指时,拇指分别指向 X、Y、Z 轴正向,则其余四指方向分别为 A、B、C 轴的旋转方向。

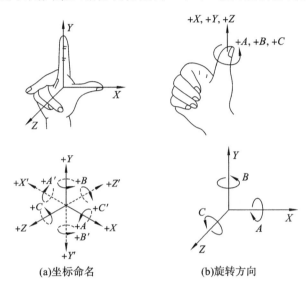

(a)坐标命名　　　　　(b)旋转方向

图 8-20　数控机床坐标命名示意图

（1）Z 坐标轴运动:传递切削力的主轴规定为 Z 坐标轴。对于铣床、镗床和攻丝机床来说,转动刀具的轴称为主轴。而车床、磨床等则将转动工件的轴称为主轴。当机床上有多个主轴时,则选其中一个与工件装夹面垂直的轴为主轴(如刨床)。图 8-21 和图 8-22 所示分别表示数控车床和多坐标数控铣床的基本坐标系。

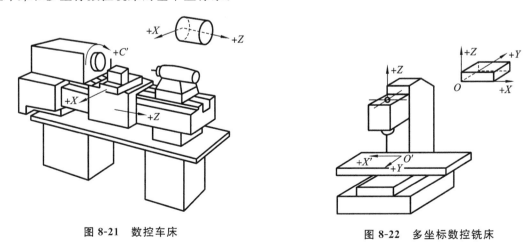

图 8-21　数控车床　　　　　　　　图 8-22　多坐标数控铣床

（2）X 坐标轴运动:X 坐标是水平的,它平行于工件的装夹面。在工件旋转的机床(如车床、磨床等)上,取平行于横向滑座的方向(工件的径向)为 X 坐标。因此安装在横刀架(横进给台)上的刀具离开工件旋转轴的方向为 X 正方向。对于刀具旋转的机床(例如铣床、镗床),当 Z 轴为水平时,沿刀具主轴向工件的方向看,向右方向为 X 轴的正方向;当 Z 轴为垂直时,对单立柱机床,面对刀具主轴向立柱看,向右方向为 X 轴正方向。

(3) Y 坐标轴运动:Y 坐标轴垂直于 X 及 Z 坐标轴。按右手直角笛卡儿坐标系统判定其正方向。以上都是取增大工件和刀具远离工件的方向为正方向。例如钻、镗加工,切入工件的方向为 Z 坐标的负向。

为了便于编程,不论数控机床的具体结构是工件固定不动、刀具移动,还是刀具固定不动、工件移动,确定坐标系时,一律按照刀具相对于工件运动的情况而定。当实际上是刀具固定不动、工件移动时,工件(相对于刀具)运动的直角坐标相应为 X'、Y'、Z'。但由于二者是相对运动,尽管实际上是工件运动,仍以刀具相对运动 X、Y、Z 进行编程,结果是一样的。

除了 X、Y、Z 主要方向的直线运动外,还有其他的与之平行的直线运动,可分别命名为 U、V、W 坐标轴,称为第二坐标系。如果再有,可用 P、Q、R 表示。如果在旋转运动 A、B、C 之处,还有其他旋转运动,则可用 D、E、F 表示。

运动轨迹的坐标点以固定的坐标原点计量,称作绝对坐标。如图 8-23(a)所示,A、B 点的坐标皆以固定点(坐标原点)计量,其坐标值为:$X_A=10$,$Y_A=20$;$X_B=25$,$Y_B=50$。运动轨迹的终点坐标值以其起点计量,称作增量坐标(或相对坐标),常用代码表中的第二坐标系 U、V、W 表示。U、V、W 分别与 X、Y、Z 平行且同向。图 8-23(b)中,B 点是以起点 A 为原点建立的 U、V 坐标系来计量的,终点 B 的增量坐标为:$U_B=15$,$V_B=30$。

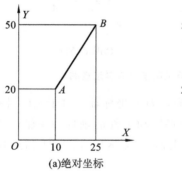 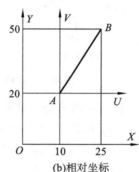

图 8-23　绝对坐标与增量坐标

2. 数控编程的指令代码

在数控编程中,使用 G 指令代码、M 指令代码及 F、T、S 指令代码描述加工工艺过程和数控系统的运动特征、数控机床的启停、切削液开关等辅助功能以及进给速度、主轴转速等。其代码如表 8-4 及表 8-5 所示。

1) 准备功能指令(亦称 G 指令)

它由字母"G"和其后两位数字组成,从 G00 至 G99,如表 8-4 所示。该指令主要是命令数控机床进行何种运动,为控制系统的插补运算做好准备。所以一般它们都位于程序段中坐标数字指令的前面。常用的 G 指令如下:

(1) G01——直线插补指令,使机床进行两坐标(或三坐标)联动的运动,在各个平面内切削任意斜率的直线。

(2) G02、G03——圆弧插补指令。G02 为顺时针圆弧插补指令,G03 为逆时针圆弧插补指令。圆弧的顺、逆方向按照图 8-24 给出的方向进行判断,即沿圆弧所在平面(如 *YZ* 平面)的另一坐标的负方向(即−*X*)看去,顺时针方向为 G02,逆时针方向为 G03。使用圆弧插补指令之前使用平面选择指令来指定圆弧插补的平面。

（3）G00——快速点定位指令。刀具以点位控制方式从刀具所在位置快速移动到下一个目标位置。它只是快速定位,而无运动轨迹要求。

（4）G17、G18、G19——坐标平面选择指令。G17 指定零件进行 *XY* 平面上的加工,G18、G19 分别为 *ZX*、*YZ* 平面上的加工。这些指令在进行圆弧插补、刀具补偿时必须使用。

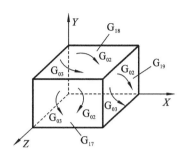

图 8-24　圆弧顺、逆方向的区分

（5）G40、G41、G42——刀具半径补偿指令。数控装置大都具有刀具半径补偿功能,为编程提供了方便。当铣削零件轮廓时,不需计算刀具中心运动轨迹,而只需按零件轮廓编程。使用刀具半径补偿指令,并在控制面板上使用刀具拨码盘或键盘人工输入刀具半径,数控装置便能自动地计算出刀具中心轨迹,并按刀具中心轨迹运动。当刀具磨损或刀具重磨后,刀具半径变小,只需手工输入改变后的刀具半径,而不必修改已编好的程序或纸带。在用同一把刀具进行粗、精加工时,设精加工余量为 Δ,则粗加工的补偿量为 $r+\Delta$,而精加工的补偿量改为 r 即可。

G41 和 G42 分别为左(右)偏刀具补偿指令,即沿刀具前进方向看(假设工件不动),刀具位于零件的左(右)侧时的刀具半径补偿。

G40 为刀具半径补偿撤销指令。使用该指令后,G41、G42 指令无效。

（6）G90、G91——绝对坐标尺寸及增量坐标尺寸编程指令。G90 表示程序输入的坐标值按绝对坐标值取,G91 表示程序段的坐标值按增量坐标值取。

表 8-4　准备功能 G 代码

代码(1)	功能保持到被取消或被同样字母表示的程序指令代替(2)	功能仅在所出现的程序段内有作用(3)	功能(4)	代码(1)	功能保持到被取消或被同样字母表示的程序指令代替(2)	功能仅在所出现的程序段内有作用(3)	功能(4)
G00	a		点定位	G50	*(d)	*	刀具偏置 0/−
G01	a		直线插补	G51	*(d)	*	刀具偏置＋/0
G02	a		顺时针方向圆弧插补	G52	*(d)	*	刀具偏置−/0
G03	a		逆时针方向圆弧插补	G53	f		直线偏移,注销
G04		*	暂停	G54	f		直线偏移 *X*
G05	*	*	不指定	G55	f		直线偏移 *Y*
G06	a		抛物线插补	G56	f		直线偏移 *Z*
G07	*	*	不指定	G57	f		直线偏移 *XY*

续表

代码(1)	功能保持到被取消或被同样字母表示的程序指令代替(2)	功能仅在所出现的程序段内有作用(3)	功能(4)	代码(1)	功能保持到被取消或被同样字母表示的程序指令代替(2)	功能仅在所出现的程序段内有作用(3)	功能(4)
G08		*	加速	G58	f		直线偏移 XZ
G09		*	减速	G59	f		直线偏移 YZ
G10～G16	*	*	不指定	G60	h		准确定位 1(精)
G17	c		XY 平面选择	G61	h		准确定位 2(中)
G18	c		ZX 平面选择	G62	h		快速定位(粗)
G19	c		YZ 平面选择	G63		*	攻螺纹
G20～32	*	*	不指定	G64～G67	*	*	不指定
G33	a		螺纹切削,等螺距	G68	*(d)	*	刀具偏置,内角
G34	a		螺纹切削,增螺距	G69	*(d)	*	刀具偏置,外角
G35	a		螺纹切削,减螺距	G70～G79	*	*	不指定
G36～G39	*	*	永不指定	G80	e		固定循环注销
G40	d		刀具补偿/刀具偏置注销	G81～G89	e		固定循环
G41	d		刀具补偿—左	G90	i		绝对尺寸
G42	d		刀具补偿—右	G91	i		增量尺寸
G43	*(d)	*	刀具偏置—正	G92		*	预置寄存
G44	*(d)	*	刀具偏置—负	G93	k		时间倒数,进给率
G45	*(d)	*	刀具偏置＋/＋	G94	k		每分钟进给
G46	*(d)	*	刀具偏置＋/－	G95	k		主轴每转进给
G47	*(d)	*	刀具偏置－/－	G96	l		恒线速度
G48	*(d)	*	刀具偏置－/＋	G97	l		每分钟转速(主轴)
G49	*(d)	*	刀具偏置 0/＋	G98～G99	*	*	不指定

注:1. ＊号,如选作特殊用途,必须在程序说明中说明。

2. 如在直线切削控制中没有刀具补偿,则 G42 到 G45 可指定作其他用途。

3. 在表(2)栏中的"(d)"表示可以被同栏中没有括号的字母 d 所注销或替代,亦可被有括号的字母 d 所注销或替代。

4. G45 到 G52 的功能可用于机床上任意两个预定的坐标。

5. 控制机上没有 G53 到 G59、G63 功能时,可以指定作其他用途。

2) 辅助功能指令(亦称 M 指令)

它是由字母"M"和其后的两位数字组成,从 M00 到 M99 共 100 种,如表 8-5 所示。这些指令与数控系统的插补运算无关,主要是为了数控加工、机床操作而设定的工艺性指令及辅助功能,是数控编程必不可少的。常用的辅助功能指令如下:

(1) M00——程序停止。完成该程序段的其他功能后,主轴、进给、切削液送进都停止。此时可执行某一手动操作,如工件掉头、手动变速等。如果再重新按下控制面板上的循环启动按钮,则继续执行下一程序段。

(2) M01——任选停止。该指令与 M00 相类似,所不同的是,必须在操作面板上预先按下"任选停止"按钮,才能使程序停止,否则 M01 将不起作用。当零件加工时间较长,或在加工过程中需要停机检查、测量关键部位以及交换班时,使用该指令很方便。

(3) M02——程序结束。当全部程序结束时使用该指令,它使主轴、进给、切削液送进停止,并使机床复位。

(4) M03、M04、M05——主轴顺时针旋转(正转)、主轴逆时针旋转(反转)及主轴停止指令。

(5) M06——换刀指令,用于具有刀库的加工中心、数控机床换刀。

(6) M07、M08——冷却液开。

(7) M09——冷却液关。

(8) M30——纸带结束,除了具有 M02 的功能外,该指令还使纸带倒回到起始位置。

(9) M98——子程序调用指令。

(10) M99——子程序返回到主程序指令。

表 8-5 辅助功能 M 代码

代　码	功能作用范围	功　　能	代　码	功能作用范围	功　　能
M00	*	程序停止	M36	*	进给范围 1
M01	*	计划结束	M37	*	进给范围 2
M02	*	程序结束	M38	*	主轴速度范围 1
M03		主轴顺时针转动	M39	*	主轴速度范围 2
M04		主轴逆时针转动	M40、M45	*	齿轮换挡
M05		主轴停止	M46～M47	*	不指定
M06	*	换刀	M48		注销 M49
M07		2 号冷却液开	M49	*	进给率修正旁路
M08		1 号冷却液开	M50	*	3 号冷却液开
M09		冷却液关	M51	*	4 号冷却液开
M10		夹紧	M52～M54	*	不指定
M11		松开	M55	*	刀具直线位移,位置 1
M12	*	不指定	M56	*	刀具直线位移,位置 2
M13		主轴顺时针方向,冷却液开	M57～M59	*	不指定
M14		主轴逆时针方向,冷却液开	M60		更换工件
M15	*	正运动	M61		工件直线位移,位置 1
M16	*	负运动	M62	*	工件直线位移,位置 2
M17、M18	*	不指定	M63～M70	*	不指定

代　码	功能作用范围	功　能	代　码	功能作用范围	功　能
M19		主轴定向停止	M71	*	工件角度位移,位置1
M20～M29	*	永不指定	M72	*	工件角度位移,位置2
M30	*	纸带结束	M73～M89	*	不指定
M31	*	互锁旁路	M90～M99	*	永不指定
M32～M35	*	不指定			

注:＊表示如作特殊用途,必须在程序格式中说明。

3. 数控加工程序的结构与格式

数控加工程序是由程序号、程序段及相应符号组成的。图 8-25 所示零件的加工程序如下:

06000

N1 T0101 //换一号刀,确定其坐标系

N2 G00 X80 Z100 //到程序起点或换刀点位置

M03 S400 //主轴以 400 r/min 正转

N3 G00 X42 Z3 //到循环起点位置

N4 G71U1R1P8Q19E0.3F100 //有凹槽粗切循环加工

N5 G00 X80 Z100 //粗加工后,到换刀点位置

N6 T0202 //换二号刀,确定其坐标系

N7 G00 G42 X42 Z3 //二号刀加入刀尖圆弧半径补偿

N8 G00 X10 //精加工轮廓开始,到倒角延长线处

N9 G01 X20 Z-2 F80 //精加工倒 2×45°角

N10 Z-8 //精加工 ϕ20 外圆

N11 G02 X28 Z-12 R4 //精加工 R4 圆弧

N12 G01 Z-17 //精加工 ϕ28 外圆

N13 U-10W-5 //精加工下切锥

N14 W-8 //精加工 ϕ18 外圆槽

N15 U8.66W-2.5 //精加工上切锥

N16 Z-37.5 //精加工 ϕ26.66 外圆

N17 G02 X30.66 W-14R10 //精加工 R10 下切圆弧

N18 G01W //精加工 ϕ30.66 外圆

N19 X40 //精加工轮廓结束

N20 G00 G40 X80 Z100

N21 M30

由该例可看出,程序开头写有程序号 0600(程序名),以便与其他程序加以区别。它由程序号地址码(0)及程序的编号(600)组成。不同的数控系统,程序号地址码是有差别的。FANUC 6M 为 0;SMK 8M 系统则用％等。该程序由 16 个程序段组成。程序结束写 M30,是程序终了指令。

4. 数控编程的方法

数控程序编制的方法有两种:手工编程及自动编程。

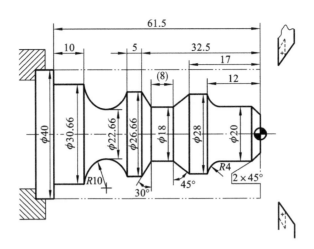

图 8-25　手工编程实例

1）手工编程

手工编程方法从分析零件图纸、制定工艺规程、计算刀具运动轨迹、编写零件加工程序单、制备控制介质直到程序校核,整个过程都是由人工完成的,如图 8-26 所示。

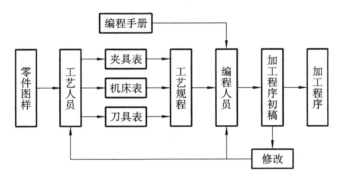

图 8-26　手工编程

一般对几何形状不太复杂的零件,所需的加工程序不长,计算比较简单,用手工编程比较合适。

手工编程的特点:耗费时间较长,容易出现错误,无法胜任复杂形状零件的编程。据国外资料统计,当采用手工编程时,一段程序的编写时间与其在机床上运行加工的实际时间之比平均约为 30 : 1,而数控机床不能开动的原因中有 20% ～ 30% 是由于加工程序编制困难,编程时间较长。

2）自动编程

自动编程方法由计算机进行工艺处理、数值计算、编写零件加工程序、自动输出零件加工程序单,并将程序自动地记录到其他控制介质上,亦可由通信接口将程序直接送到数控系统,控制机床进行加工。数控机床的程序编制工作的大部分或一部分由计算机完成的方法称为自动编程方法。

自动编程是指在编程过程中,除了分析零件图样和制定工艺方案由人工进行外,其余工作均由计算机辅助完成。

与手工编程相比,自动编程速度快、质量好,这是因为自动编程具有以下主要特点:

（1）数学处理能力强　对复杂零件,特别是空间曲面零件,以及几何要素虽不复杂但程序量很大的零件,计算相当烦琐,采用手工程序编制是难以完成的。采用自动编程既快速又准确。功能较强的自动编程系统还能处理手工编程难以胜任的二次曲面和特种曲面。

(2)能快速、自动生成数控程序　在完成刀具运动轨迹计算之后,后置处理程序能在极短的时间内自动生成数控程序,且数控程序不会出现语法错误。

(3)后置处理程序灵活多变　同一个零件在不同的数控机床上加工,由于数控系统的指令形式不尽相同,机床的辅助功能也不一样,伺服系统的特性也有差别,因此,数控程序也应该是不一样的。但前置处理过程中,大量的数学处理、轨迹计算却是一致的。这就是说,前置处理可以通用化,只要稍微改变一下后置处理程序,就能自动生成适用于不同数控机床的数控程序来。

(4)程序自检、纠错能力强　采用自动编程,程序有错主要是原始数据不正确而导致刀具运动轨迹有误,或刀具与工件干涉、相撞等。但自动编程能够借助于计算机在屏幕上对数控程序进行动态模拟,连续、逼真地显示刀具加工轨迹和零件加工轮廓,发现问题、及时修改,快速又方便。现在,往往在前置处理阶段计算出刀具运动轨迹以后立即进行动态模拟检查,确定无误以后再进入后置处理,编写出正确的数控程序来。

(5)便于实现与数控系统的通信　自动编程系统可以利用计算机和数控系统的通信接口,实现编程系统和数控系统的通信。编程系统可以把自动生成的数控程序经通信接口直接输入数控系统,控制数控机床加工。自动编程的通信功能进一步提高了编程效率,缩短了生产周期。

自动编程优于手工编程不容置疑,但一般简单零件还是采用手工编程比较合适。

5. 数控机床宏程序编程的技巧和实例

随着工业技术的飞速发展,产品形状越来越复杂,精度要求越来越高,产品更新换代越来越快,传统的设备已不能适应新要求。现在我国的制造业中已广泛地应用了数控车床、数控铣床、加工中心机床、数控磨床等数控机床。这些先进设备的加工过程都需要由程序来控制,需要由拥有高技能的人来操作。要发挥数控机床的高精度、高效率和高柔性,就要求操作人员具有优秀的编程能力。

常用的编程方法有手工编程和自动编程。自动编程的应用已非常广泛。与手工编程比较,在复杂曲面和型腔零件编程时效率高、质量好。因此,许多人认为手工编程已不再重要,特别是比较难的宏程序编程也不再需要,只需了解一些基本的编程规则就可以了。这样的想法并不全面,因为自动编程也有许多不足:①程序数据量大,传输费时;②修改或调整刀具补偿需要重新后置输出;③打刀或其他原因造成断点时,很难及时复位。

下面通过实例从编制技巧、要点上讨论非圆曲面类宏程序编程。

非圆曲面可以分为以下两类:

(1)方程曲面:用方程描述其轮廓曲面,如抛物线、椭圆、双曲线、渐开线、摆线等。这种曲面可以用先求节点,再用线段或圆弧逼近的方式,以足够的轮廓精度加工出零件。选取的节点数目越多,轮廓的精度越高。然而节点增多,用普通手工编程则计算量会非常大,数控程序也非常大,程序复杂也容易出错,不易调试。即使用计算机辅助编程,其数据传输量也非常大。而且调整尺寸补偿也很不方便。这时就显出宏程序的优势了,常常只需二三十句就可以编好程序。理论上还可以根据机床系统的运算速度无限地缩小节点的间距,提高逼近精度。

(2)列表曲面:其轮廓外形由实验方法得来,如飞机机翼、汽车的外形由风洞实验得来,是用一系列空间离散点表示曲线或曲面。这些离散点没有严格一定的连接规律,而在加工中则要求曲线能平滑地通过各坐标点,并规定了加工精度。加工列表曲面的方法很多,可以采用计算机辅助编程,利用离散点形成曲面模型,再生成加工轨迹和加工程序。对于一些老机床或无法传送数据的机床,我们也可以将轮廓曲线按曲率变化分成几段,每段分别求出插值方程,采用宏程序加密逼近曲线的方法。

非圆曲面类的宏程序编程的要点有:建立数学模型和循环体。

(1)数学模型是产生刀具轨迹节点的一组运算赋值语句。它可以计算出曲面上每一点的坐标。它主要从描述零件轮廓的曲面方程转化而来。

(2)循环体是由一组或几组循环指令和对应的加法器组成的。它的作用是将一组节点顺序连接成刀具轨迹,再依次加工成曲面。

实例 1:如图 8-27 所示,在加工中心上加工出抛物线球面。

比较加工中心或数控铣床上铣削曲面和数控车床车削曲面,有许多差别:①加工方式不同。②车削曲面需要计算沿一条轮廓素线的若干个节点;铣削曲面需要计算整个曲面上若干个轮廓素线的若干节点,计算量大,宏程序非常复杂。

编制铣削曲面宏程序确实非常难,然而只要我们抓住几个关键点,做好流程图和数学模型,勤于实践,也是一定能够掌握这个技能的。下面把编制铣削曲面宏程序的过程分成以下几步:

步骤一 分析曲面的构成特点,确定加工路线。

如图 8-27 所示,这个曲面是由一条抛物线以与它共面水平直线为轴线旋转切成的。加工轨迹可以有两种,一种是水平层切,一种是垂直层切。我们用垂直层切的方式,其轨迹如图 8-28 所示,每个层切面上的刀具轨迹都是一个 YZ 平面的圆弧。

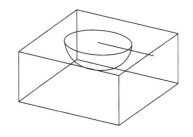

图 8-27 抛物线球面

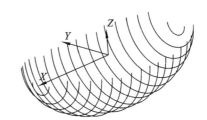

图 8-28 刀具轨迹

步骤二 选择合适的编程坐标系,确定主、从变量。如图 8-27 所示,把坐标系原点设置在形腔上表面的中心,可以简化计算。Z 为主变量。取 $Z=0$ 为起点,$Z=20$ 为终点。

步骤三 抛物线方程 $X^2=36(Z-20)$ 转化为 $X=SQRT[36*[Z-20]]$ 和 $X=-SQRT[36*[Z-20]]$,这里需要注意两个象限的变化,要设计两个循环体,用控制指令"换向"。

步骤四 设计流程图,试验循环体程序框架。

步骤五 根据流程图编制程序。注意程序的加工平面为 $YZ(G19)$ 平面。程序如下:

```
01002
01002;                    G0X0Y0M8;
G54G19G90G40;            G43G0Z100H1M3S3000
T1M6;                    Z5;
#1=0;
WHILE[#1GT-20]DO1;
#2=SQRT[36*[#1-20]];
G1X#2F500;
G41G1Y#1D1;
G1Z0;
```

```
G2Y-#1J-#1;
G40G1Y0;
#1=#1-0.1;
END 1;
#1=-20;
WHILE[#1LT0] DO 2;
#2=-SQRT[36*[#1-20]];
G01X#2F500;
G41G1Y#1D1;
G2Y-#1J-#1;
G40G1Y0;
#1=#1+0.1;
END 2;
G00Z200M9;
M30;
```

实例2：用数控车加工图8-29所示的椭圆面零件。椭圆的长轴为60，短轴为40。

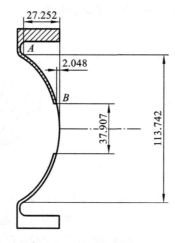

图8-29　椭圆面零件

步骤一　根据加工轨迹确定椭圆曲线的起始点 A 和终点 B 的坐标。这里的要点是分清编程坐标系和椭圆坐标系，A 点在编程坐标系中的坐标为 $X=113.742, Z=27.252$。这里为适应数控车床的编程习惯，X 采用直径坐标，A 点以椭圆的中心为原点的坐标为 $X=113.742, Z=40-27.252$。B 点的编程坐标是 $X=37.907$，椭圆坐标为 $X=37.907$。

步骤二　确定在曲线方程中的主变量和从变量。这要根据实际情况来选择。有以下几点原则：①变量的起点、终点已知；②变量在坐标中的变化方向一致；③变量的变化对曲线的精度影响较大。根据以上原则选 X 坐标为主变量，Z 为从变量。

步骤三　将标准方程化为从变量赋值的形式。如图8-29所示，以其中心为原点，将椭圆方程 $X^2/a^2+Z^2/b^2=1$ 化为 Z=SQRT[[1-X*X/[a*a]]*b*b]这一步很关键。由于曲线只在椭圆坐标系的第一象限，故 Z 为正值。

以上三步就是建立数学模型。在这个模型里 X 的一个坐标值，可以计算出它对应的 Z 坐标值。要注意，这两个坐标是以椭圆中心为原点的，要特别注意。也就是说，如果和这个零件一样,椭圆中心和设定的编程坐标系原点不重合,进入数学模型和从数学模型输出的数值,都是以椭圆中心为原点的。刀具运动指令的坐标值是以编程坐标系为原点。因此,需要设计计算方法将数学模型的输出数据转化成编程坐标系的数值。

步骤四　编写程序。

应注意的要点有:①当采用刀尖圆弧补偿方式编程时,循环体的轨迹第一点不能和起始点重合,否则系统会显示出错;②循环体内计算语句、运动语句和加法器语句的顺序不能错。

该零件数控车精车程序如下:

```
01001;
T0101;
G90G40G0X200.0Z200.0M03;
G41G00X135.0Z5.0M08;
G01Z-25.0F0.1;
G03X#1Z-27.252;
#1= 113.742-0.1;                    //将循环开始点错开
#2= 40-27.252;                      //Z值从编程坐标系转变到椭圆坐标系
WHILE[#1GT37.907]  DO  1    ;//循环体开始,X轴坐标逐渐减小
#1= #1/2;                           //将直径值转化成半径值
#2= SQRT[[1- #1* #1/[60* 60]]* 40* 40];
#2= #2-40                           //Z值从椭圆坐标系转变到编程坐标系
#1= #1*2                            //将半径值转化成直径值
G01X#1Z#2F0.08;                     //运动指令
#1= #1-0.1;                         //递减加法器
END  1;                            //循环体结束
G01X37.907Z-2.048;
G01X35.0;
G00Z200.0;
G00X260.0M09;
M30;
```

8.4 数控加工功能及自动编程

本节利用国产机械 CAD/CAM 系统 CAXA 制造工程师详细而全面地介绍数控加工功能基本操作和相关设置,使读者全面掌握利用 CAD/CAM 系统进行自动编程的相关基础知识。

1. CAXA 制造工程师自动编程概述

1) CAXA 制造工程师加工方法简介

CAXA 制造工程师 2008 提供了 2～5 轴的数控铣加工功能、20 多种生成数控加工轨迹的方法,包括粗加工、精加工、补加工、孔加工等,可以完成平面、曲面和孔等零件的加工编程。加工菜单如图 8-30 所示,加工工具栏如图 8-31 所示。

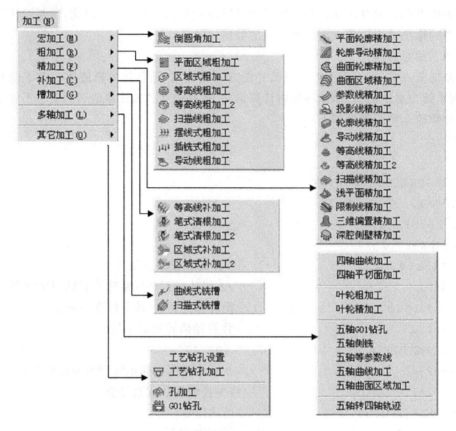

图 8-30　加工菜单

图 8-31　加工工具栏

2）CAXA 制造工程师编程步骤

在进行必要的零件加工工艺分析之后,使用 CAXA 制造工程师软件进行数控铣自动编程的一般步骤如下:①建立加工模型;②建立毛坯;③建立刀具;④选择加工方法,填写加工参数;⑤轨迹生成与仿真;⑥后置处理,生成 G 代码。

3）CAXA 制造工程师加工管理窗口

在绘图区的左侧,单击【加工管理】标签,打开加工管理窗口,如图 8-32 所示,用户可以通过操作加工管理树,对毛坯、刀具、加工参数等进行修改,还可以实现轨迹的拷贝、删除、显示、隐藏等操作。

2. CAXA 制造工程师通用操作与参数设置

在 CAXA 制造工程师各种加工方法的设置中,有一些操作过程和参数设置是一致的,在此加以详细介绍。

数控编程前,必须准备好加工模型。加工模型的准备包括加工模型的建立、加工坐标系的

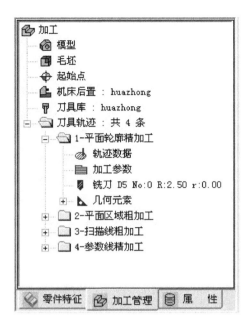

图 8-32 【加工管理】标签

检查与创建。如果采用轮廓边界加工或者要进行局部加工,还必须创建加工辅助线。

1)建立加工模型

导入其他 CAD 软件的模型:使用其他软件创建的模型,也可在 CAXA 制造工程师软件中使用。单击【文件】/【并入文件】命令,弹出【打开】对话框,选择需要导入的文件即可。

2)建立加工坐标系

为了便于对刀,加工坐标系的原点通常设置在毛坯的上表面的中心或靠近操作者一侧的顶角处(矩形毛坯),加工坐标系的 Z 轴方向必须和机床坐标系 Z 轴方向一致。

在使用 CAXA 制造工程师软件进行编程时,可以选择造型时使用的系统坐标系或其他辅助坐标系作为加工坐标系。

3. 零件自动编程实例

1)平面轮廓零件加工

(1)零件特点。

加工面平行或垂直于定位面,或加工面与水平面的夹角为定角的零件为平面类零件。目前在数控铣床上加工的大多数零件属于平面类零件,其特点是各个加工面是平面,或可以展开成平面。

(2)加工方法。

平面类零件是数控铣削加工中最简单的一类零件,一般只需用三坐标数控铣床的两坐标联动(即两轴半坐标联动)就可以把它们加工出来。可以使用 CAXA 制造工程师平面区域粗加工、轮廓线精加工方法对此类零件进行自动编程,这两个方法最大的优点是计算速度很快。

加工实例 1:上盖。

图 8-33 所示的上盖,材料为 45 钢,毛坯为 φ150×36。加工方案如表 8-6 所示。

表 8-6 数控加工工艺卡片

单位名称	××××	产品名称或代号		零件名称	材料	零件图号
				上盖	45 钢	HX—02
工序号	程序编号	夹具名称	三爪卡盘	使用设备		车间
001			平口钳	FANUC 加工中心		28♯数控车间
工步号	工步内容	刀具号	刀具规格 /mm	主轴转速 /(r/mm)	进给速度 /(mm/min)	背吃刀量 /mm	备注

工步号	工步内容	刀具号	刀具规格 /mm	主轴转速 /(r/mm)	进给速度 /(mm/min)	背吃刀量 /mm	备注
三爪卡盘装夹、找正							
1	铣外轮廓	T01	D20	700	400	3.8	
掉头、平口钳装夹、找正							
2	铣外轮廓	T01	D20	700	400	3	
3	铣凹槽	T01	D20	700	350	4	
4	钻中心孔	T02	A2 中心钻	1000	100	—	
5	钻孔	T02	$\phi10$ 麻花钻	1000	100	—	
6	铰孔	T03	$\phi10$ 铰刀	1000	60	—	
7	扩孔	T01	D20	700	250	—	

操作过程：

（1）加工模型的准备。

使用 CAXA 制造工程师打开加工实例 1 的特征模型，在工件表面建立加工坐标系，并创建两条加工辅助线，为零件的外轮廓线，绘制结果如图 8-34 所示。

图 8-33 上盖

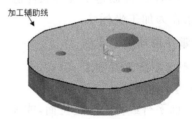

图 8-34 加工模型

（2）创建刀具。

创建加工所需要的刀具 T01。

（3）铣外轮廓。

平面轮廓精加工通常使用平面区域的加工方法，本实例使用该方法对零件的外轮廓进行加工，操作步骤如下：

①启动加工方法。单击【平面轮廓精加工】按钮，或单击【加工】/【精加工】/【平面轮廓精加工】菜单，系统弹出【平面轮廓精加工】对话框。

②填写加工参数。按表 8-7 填写加工参数，完成后单击【确定】按钮。

表 8-7　加工工艺参数

序　号	参 数 名 称		参 数 值	备　注
1	加工参数	加工精度/mm	0.1	
		拔模斜度/(°)	0	
		刀次	1	
		顶层高度/mm	0	
		底层高度/mm	−22.5	
		每层下降高度/mm	3.8	
	拐角过渡方式		圆弧	
	走刀方式		往复	
	轮廓补偿		TO	
	行距定义方式	行距方式	10	
		加工余量/mm	0	
	拔模基准		底层为基准	
	层间走刀		往复	
	刀具半径		暂不设置	
	抬刀		否	
2	接近方式：圆弧/mm	半径	5	
		转角	45	
		延长量	0	
	返回方式：圆弧/mm	半径	5	
		转角	45	
		延长量	0	
3	下刀方式	安全高度/mm	5	
		慢速下刀距离/mm	3	
		退刀距离/mm	2	
		切入方式	垂直	
4	切削速度	主轴转速/(r/min)	700	
		慢速下刀速度/(mm/min)	150	
		切入切出连接速度/(mm/min)	250	
		切削速度/(mm/min)	400	
		退刀速度/(mm/min)	1500	
5	公共参数	加工坐标系名称	sys	
		起始点		
6	刀具参数	平底刀	D20	

③拾取轮廓线及加工方向。依状态栏提示,左键拾取加工轮廓线,确定连接搜索方向。单击鼠标右键结束拾取。

④选择加工侧边。拾取完轮廓线后,系统要求继续选择防线。此方向表示要加工的侧边是轮廓线内侧还是轮廓线外侧,本实例选择外侧。

⑤拾取进、退刀点。选择加工侧边后,系统要求选择进刀点,如果需要特别指定,使用左键拾取进刀点或键入坐标点位置,否则单击鼠标右键,使用系统默认的进刀点。采用同样方法,可指定退刀点。

⑥生成加工轨迹。完成全部选择之后,系统生成刀具轨迹(见图 8-35)。

⑦加工轨迹仿真。

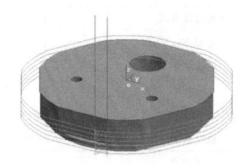

图 8-35　外轮廓加工轨迹

(4)后置设置。

在生成 G 代码之前,必须进行后置设置。

在加工管理树中,双击【机床后置】,弹出【机床后置】对话框。按实际情况选择机床类型,并修改参数。本例选择【FANUC 系统】,并使用默认参数。

(5)生成 G 代码。

生成 G 代码的操作步骤如下:

①单击【加工】→【后置处理】→【生成 G 代码】,弹出【选择后置文件】对话框,填写 NC 代码文件名(shanggai1.cut)及其存储路径(见图 8-36),按【确定】退出。

②分别拾取加工轨迹,按右键确定,生成 G 代码(见图 8-37)。

图 8-36　G 代码存储路径

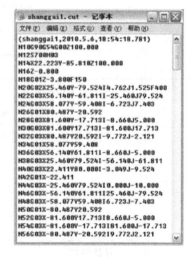

图 8-37　G 代码文件

（6）生成加工工艺清单。

生成加工工艺清单的过程如下：

①选择【加工】/【生成工序单】命令，弹出【工艺清单】对话框（见图 8-38），填写相关信息。

②单击对话框右下角【拾取轨迹】按钮，用鼠标选取或用窗口选取或按【W】键，选中全部刀具轨迹，单击右键确认，单击【生成清单】，将生成加工工艺清单，结果如图 8-39 所示。

图 8-38　【工艺清单】对话框

工艺清单输出结果

- general.html
- function.html
- tool.html
- path.html
- ncdata.html

图 8-39　工艺清单

2）孔系零件加工

（1）零件特点。

孔系零件指以钻孔加工为主的零件，通常包括钻孔、扩孔、铰孔、锪孔、镗孔等。

（2）加工方法。

CAXA 制造工程师提供了各种孔加工编程的方法，并可以对孔加工进行工艺设置。

加工实例 2：上盖孔系加工。

图 8-40 所示的零件为上盖，需要加工 1 个定位孔、3 个通孔。其中一个还要扩孔。

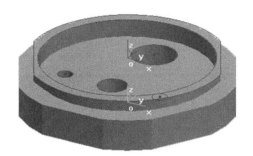

图 8-40　零件上盖

工艺分析：经工艺分析，填写数控加工工艺卡片，如表 8-6 所示。

操作过程：

（1）加工模型。

打开上盖零件模型，确认坐标系位于零件上表面中心，并创建加工辅助线，如图 8-40 所示。

（2）建立毛坯。

使用【参照模型】方式创建毛坯。

（3）刀具的创建。

创建 A2 中心钻、ϕ9.9 麻花钻、ϕ10 铰刀、D20 键槽铣刀。

（4）工艺钻孔加工。

①单击【加工】/【其他加工】/【工艺钻孔加工】菜单，弹出【工艺钻孔加工向导　步骤 1/4 定位方式】对话框，如图 8-41(a)所示。

②在【工艺钻孔加工向导　步骤 1/4 定位方式】对话框中，单击【拾取点】，提示【拾取存在的点】，在绘图区依次拾取 3 个点，单击右键结束选择。单击【下一步】，弹出【工艺钻孔加工向导　步骤 2/4 路径优化】对话框，如图 8-41(b)所示。

③在【工艺钻孔加工向导　步骤 2/4 路径优化】对话框中，选择【缺省情况】，单击【下一步】，弹出【工艺钻孔加工向导　步骤 3/4 选择孔类型】对话框，如图 8-41(c)所示。

④在【工艺钻孔加工向导　步骤 3/4 选择孔类型】对话框中，选择【普通孔】，单击【下一步】，弹出【工艺钻孔加工向导　步骤 4/4 设定参数】对话框，如图 8-41(d)所示。

⑤在【工艺钻孔加工向导　步骤 4/4 设定参数】对话框中，单击【完成】按钮，将自动生成加工轨迹，如图 8-42 所示。

在加工管理树中拷贝此轨迹，粘贴两次，分别表示钻中心孔、钻孔、铰孔。

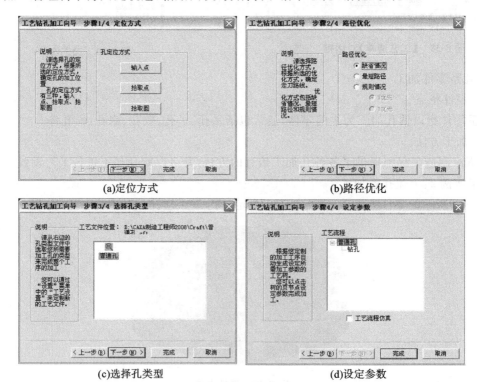

(a)定位方式　　　　　　　　　　(b)路径优化

(c)选择孔类型　　　　　　　　　(d)设定参数

图 8-41　工艺钻孔

（5）修改孔加工参数。

在加工管理树中双击【加工参数】，弹出【孔加工参数】对话框，按表 8-8 修改加工参数，完成孔加工操作。

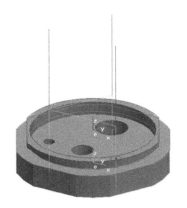

图 8-42　钻孔加工轨迹

表 8-8　孔加工工艺参数

序号	参数名称		参　数　值			备　注
			钻中心孔	钻孔	铰孔	
1	加工参数	钻孔模式	钻孔			
		安全高度/mm	50	50	50	
		主轴转速/(r/min)	1000	1000	1200	
		安全间隙/mm	5	5	5	
		钻孔速度/(mm/min)	100	100	60	
		钻孔深度/mm	3	30	30	
		工件平面	−12	−12	−12	
		暂停时间/s	1	1	1	
		下刀增量/mm	1	1	1	
2	刀具参数	钻头	D5	D10	D10	

3) 曲面零件加工

(1) 零件特点。

加工面为空间曲面的零件称为曲面类零件,如模具、叶片、螺旋桨等。曲面类零件不能展开为平面。

(2) 加工方法。

加工时,铣刀与加工面始终为点接触,一般采用球头刀在三轴联动数控铣床上加工。当曲面较复杂、通道较狭窄、会伤及相邻表面及需要刀具摆动时,要采用四坐标或五坐标铣床加工。可以使用 CAXA 制造工程师等高线粗加工方法进行粗加工,等高线精加工方法进行侧壁精加工,扫描线精加工方法进行曲面的加工,区域式补加工方法进行清角加工。

加工实例 3:凸轮盘。

如图 8-43 所示零件,材料为 45 号钢。加工方案如表 8-9 所示。

操作过程:

（1）加工模型。

使用 CAXA 制造工程师软件打开凸轮模型，并建立加工坐标系，创建辅助线等，结果如图 8-44 所示。

（2）建立毛坯。

使用【参照模型】方式创建毛坯。

（3）刀具的创建。

创建 D12 键槽刀、R5 球头刀、R2 球头刀。

（4）粗铣轮廓。

使用【平面区域粗加工】进行加工，按表 8-10 填写加工参数。

图 8-43　凸轮盘零件

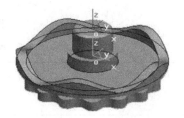

图 8-44　加工模型

表 8-9　数控加工工艺卡片

单位名称	××××	产品名称或代号		零件名称	材料	零件图号
				凸轮盘	45 钢	HX-03
工序号	程序编号	夹具名称	三爪卡盘	使用设备		车间
001			—	FANUC 加工中心		28♯数控车间
工步号	工步内容	刀具号	刀具规格 /mm	主轴转速 /(r/mm)	进给速度 /(mm/min)	背吃刀量 /mm	备注
三爪卡盘装夹、找正							
1	铣轮廓	T01	D12	1500	250	3	
2	粗铣曲面	T02	R5	3000	1000	—	
3	精铣曲面	T03	R2	5000	1500	—	
掉头、三爪卡盘装夹、找正							
4	铣齿轮	T04	D5	3500	350	2.5	

表 8-10　粗铣轮廓加工工艺参数

序号	参 数 名 称			参 数 值		备　注
1	加工参数		走刀方式	环切加工	从里向外	
			拐角过渡方式	尖角		
			拔模基准	底层为基准		
		加工参数	顶层高度/mm	-12		
			底层高度/mm	-18		
			每层下降高度/mm	3		
			行距/mm	9		
			加工精度	0.1		
		轮廓参数	余量/mm	0		
			斜度/(°)	0		
			补偿	TO		
		岛参数	余量	0		
			斜度	0		
			补偿	TO		
2	清根参数		轮廓清根	不清根		
			岛清根	不清根		
3	接近返回		接近方式	不设定		
			返回方式	不设定		
4	下刀方式		安全高度/mm	100	绝对	
			慢速下刀距离/mm	10	相对	
			退刀距离/mm	10	绝对	
			切入方式	垂直		
5	切削用量		主轴转速/(r/min)	1500		
			慢速下刀速度/(mm/min)	80		
			切入切出连接速度/(mm/min)	100		
			切削速度/(mm/min)	250		
			退刀速度/(mm/min)	1500		
6	公共参数		加工坐标系			
			起始点			
7	刀具		平底刀	D12		

（5）粗铣曲面。

曲面零件的粗加工可采用扫描线粗加工方法。

①启动加工方法。单击【扫描线粗加工】按钮，系统弹出【扫描线粗加工】对话框。

②填写加工参数。按表 8-11 所示填写加工参数，完成后单击【确定】按钮。

③系统提示【拾取加工对象】，选择要加工的曲面，拾取完后单击鼠标右键确认。

④系统提示【拾取加工边界】，选择两个辅助圆，选取完后单击鼠标右键确认。

⑤系统开始计算加工轨迹，并提示【正在计算轨迹，请稍后】，计算完后在屏幕上显示生成的加工轨迹（见图 8-45）。

⑥加工轨迹仿真。

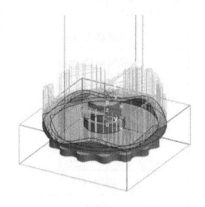

图 8-45　曲面粗加工轨迹

表 8-11　粗铣曲面加工工艺参数

序号	参 数 名 称			参 数 值		备 注
1	加工参数	加工方向		往复		
		加工方法		精加工		
		Z 向	层高/mm	1		
		XY 向	行距/mm	1		
		参数	加工精度/mm	0.1		
			加工余量/mm	0.1		
2	下刀方式	安全高度/mm		30	相对	
		慢速下刀距离/mm		2	绝对	
		退刀距离/mm		1	绝对	
		切入方式		垂直		
3	切削用量	主轴转速/(r/min)		3000		
		慢速下刀速度/(mm/min)		100		
		切入切出连接速度/(mm/min)		800		
		切削速度/(mm/min)		1000		
		退刀速度/(mm/min)		1000		
4	公共参数	加工坐标系				
		超点				
5	刀具	球头刀		R5		

（6）精铣曲面。

曲面表面的精加工可以选用参数线精加工方法,生成参数线精加工轨迹。

①启动方法。单击【参数线精加工】按钮,系统弹出【参数线精加工】对话框。

②填写加工参数,完成后单击【确定】按钮。

③拾取加工对象。在绘图区依次拾取要加工的曲面,拾取结束后单击鼠标右键确认。

④拾取进刀点。在拾取的第一个曲面上点鼠标左键,拾取进刀点,之后系统提示【切换加工方向】。

⑤切换加工方向。单击鼠标左键可更改加工方向,单击鼠标右键确认加工方向。

⑥改变曲面方向。单击鼠标左键可更改曲面方向,单击鼠标右键确认曲面方向。注意曲面法线方向要一致,均指向曲面上方。

⑦拾取干涉曲面。因不设定干涉曲面,故直接单击右键跳过。系统提示计算轨迹（见图 8-46）。

⑧加工轨迹仿真。

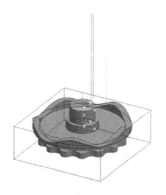

图 8-46　曲面精加工轨迹

思　考　题

8-1　数控加工的基本概念是什么? 其加工特点是什么?

8-2　数控编程的内容有哪些?

8-3　特征建模的功能有哪些?

8-4　数控加工的工艺控制主要包括哪些内容?

8-5　常用的"G"和"M"指令有哪些? 它们的功能分别是什么?

8-6　数控编程的方法有哪些?

第 9 章

机械 CAM 技术在机械工程中的应用

在市场竞争激烈、产品更新频繁的形式下,CAD/CAM 技术的应用在机械和工业产品的生产中产生的效益是不可估量的。它能缩短产品的生产周期,提高产品适应市场多变的能力,保证产品高水平的制造质量,让设计、工艺人员有更多的机会去进行有意义的创造性工作。本章主要对 CAM 技术软件基础及其应用进行介绍。

◀ 9.1 常用机械 CAM 应用软件介绍 ▶

机械 CAD/CAM 综合性软件不断地朝着实用化、高效化、集成化方向发展。在这里,我们根据目前市面上流行的 CAD/CAM 系统应用软件选取了其中的几套最新的典型软件,将它们的 CAM 模块功能介绍给大家,以便我们了解它们的概况、技术特点和最新的技术应用。

1. MasterCAM

MasterCAM 是美国 CNC 公司开发的基于 PC 平台的 CAD/CAM 软件,它集二维绘图、三维实体造型、曲面设计、体素拼合、数控编程、刀具路径模拟及真实感模拟等多种功能于一身。它具有方便直观的几何造型。MasterCAM 提供了设计零件外形所需的理想环境,Master-CAM9.0 以上版本、MasterCAM X 版本还支持中文环境,而且价位适中,对广大的中小企业来说是理想的选择,是经济有效的全方位的软件系统,是工业界及学校广泛采用的 CAD/CAM 系统。MasterCAM 包括 5 大模块:Mill、Lathe、Art、Wire 和 Router。常用的版本有 Master-CAM9.0 和 MasterCAM X。

2. Pro/E

Pro/E 的数控加工模块包括:Pro/Casting(铸造模具设计)、Pro/MFG(电加工)、Pro/Mold-esign(塑料模具设计)、Pro/NC-Check(NC 仿真)、Pro/NCPost(CNC 程序生成)、Pro/Sheet-Metal(钣金设计)。

3. UG

UG 系统具有强大的数控加工编程能力,是目前市场上数控加工编程能力最强的 CAD/CAM 集成系统之一。UG 为不同的加工方法,从钻孔、线切割到五轴联动铣削加工,提供了一个统一的制造解决方案。

1) UG 加工基础

UG 加工基础(UG/CAM Base)模块提供如下功能:在图形方式下观测刀具沿轨迹运动的情况,进行图形化修改,如对刀具轨迹进行延伸、缩短或修改等;点位加工编程功能,用于钻孔、攻螺纹和镗孔等;按用户需求进行灵活的用户化修改和剪裁;定义标准化刀具库、加工工艺参数样板库,使粗加工、半精加工、精加工等操作常用参数标准化,以减少培训时间并优化加工工艺。

2）UG/ Post Builder 和 UG/Post Execute

UG/Post Builder 和 UG/Post Execute 共同组成了 UG 加工模块的后置处理。UG 的加工后置处理模块使用户可方便地建立自己的加工后置处理程序，该模块适用于目前世界上几乎所有主流 NC 机床和加工中心，该模块在多年的应用实践中已被证明适用于 2～5 轴或更多轴的铣削加工、2～4 轴的车削加工和电火花线切割。

3）UG/Nurbs 样条轨迹生成器（UG/Nurbs Path Generator）

UG/Nurbs 样条轨迹生成器模块允许在 UG 软件中直接生成基于 Nurbs 样条的刀具轨迹数据，使得生成的轨迹拥有更高的精度和表面质量，而加工程序量比标准格式减少 30％～50％，实际加工时间则因为避免了机床控制器的等待时间而大幅度缩短。

4．Cimatron

Cimatron 是以色列 Cimatron 公司为模具制造者提供的 CAD/CAM 解决方案，它具有强大的功能。在整个设计过程中，Cimatron 无缝集成了快速分模、工程变更、生成电极、嵌件以及导向、冷却道等详细的模具零件。

5．GibbsCAM

GibbsCAM 是易学、易用、易懂的计算机辅助虚拟加工系统，它采用 Parasolid 实体造型核心，可与 Solid Edge 无缝集成。GibbsCAM 具有独具匠心的图形化界面，即使没有计算机基础的人，亦能驾轻就熟地使用 GibbsCAM 进行加工。

6．CAXA 制造工程师

CAXA 制造工程师是国内具有自主版权的数控加工编程软件，是一款面向二至五轴数控铣床与加工中心、具有卓越工艺性能的铣削/钻削数控加工编程软件，是 CAXA 制造解决方案的重要构件之一。该软件的功能完全可以与国际一流的 CAM 软件相媲美。

◀ 9.2　零件加工在 UG 中的实现 ▶

UG 加工基础模块提供如下功能：在图形方式下观测刀具沿轨迹运动的情况，进行图形化修改，如对刀具轨迹进行延伸、缩短或修改等；点位加工编程功能，用于钻孔、攻丝和镗孔等；按用户需求进行灵活的用户化修改和剪裁；定义标准化刀具库、加工工艺参数样板库，使粗加工、半精加工、精加工等操作常用参数标准化，以减少使用培训时间并优化加工工艺。下面以图 9-1 所示的零件用 UG 模拟仿真加工进行简单说明。

步骤一　建立三维实体模型。

首先根据零件图进行实体造型，如图 9-2 所示。

步骤二　创建毛坯。

在草图阶段已经把需要的毛坯草图画好，现在只要在建模阶段对其拉伸，拉伸高度大于零件的最大高度，所以设置拉伸高度为 40.5 mm，如图 9-3 所示。在编辑命令下单击隐藏命令，隐藏毛坯。

步骤三　创建几何体父节点组。

打开【应用】下拉菜单，单击 **加工 (N)...** 图标，在加工环境对话框中设置加工环境。在对话框的上部列表中单击【cam general】选项，在下拉列表中选择模块零件【mill planar】选项，单击【初始化】图标，进入加工环境。

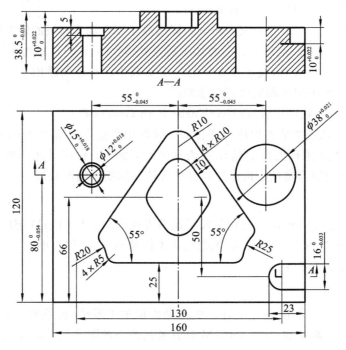

图 9-1　零件图

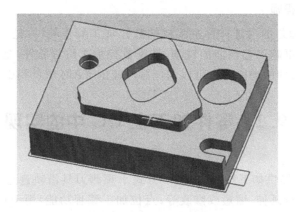

图 9-2　三维实体造型

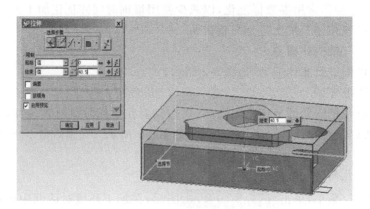

图 9-3　毛坯建立

编辑 WORKPIECE,在出现的对话框中,在部件下单击【选择】,选择要加工的零件模型,单击【确定】按钮;再找到在编辑命令下的隐藏,单击反向隐藏全部,出现毛坯,再在隐藏下单击【选择】,选择毛坯,如图 9-4 所示。

把零件模型调出,编辑 MCS_MILL,设置加工坐标系以及安全平面,勾选【间隙】选项,指定安全平面,如图 9-5 所示。毛坯的高度为 40.5,把安全平面的高度设为大于它的高度,设为 45 即可。

图 9-4　几何体设置对话框

图 9-5　坐标设置对话框

步骤四　创建刀具。

选择工具栏上图标,打开【创建刀具组】对话框,在【子类型】中选择,在名称栏里输入"D10",单击【确定】按钮,打开【Milling Tool－5 Parameters】对话框,在【(D)直径】一栏里输入刀具直径值"10.0",在补偿寄存器,半径补偿寄存器和刀具号都设定为"1",单击【确定】按钮;选择工具栏上图标,打开【创建刀具组】对话框,在【子类型】中选择,在名称栏里输入 D5,单击【确定】按钮,打开【Milling Tool－5 Parameters】对话框,在【(D)直径】一栏里输入刀具直径值"5.0",在补偿寄存器,半径补偿寄存器和刀具号设定为"2",单击【确定】按钮,完成刀具父节点组的创建。

步骤五　铣削端面。

选择工具栏上创建操作图标,打开【创建操作】对话框,在【子类型】中选择操作,在【程序】项中选择【NC_PROGRAM】,在【使用几何体】选项中选择【WORKPIECE】,在【使用刀具】选项中选择【D10】,在【使用方法】选项中选择【MILL_FINISH】,如图 9-6 所示。单击【确定】按钮,打开【FACE_MILLING】对话框,如图 9-7 所示。选择图标,再单击此图标下的【选择】选项,打开【边界几何体】对话框,在【模式】一栏中选择,选择毛坯底面的四方形,再选择【手工】,在弹出的对话框中填上零件高度"38.5",单击【确定】按钮。在【切削方式】后选择跟随工件图标,【每一刀的深度】设置为 1,进入【切削参数】,把切削方向改为【向内】,单击【确定】按钮,再次回到【FACE_MILLING】对话框,选择生成图标,形成刀具轨迹,单击【确定】按钮,完成零件平面铣削操作。刀具路径如图 9-8 所示。

步骤六　铣削外轮廓。

图 9-6　面铣【创建操作】对话框

图 9-7　面铣对话框

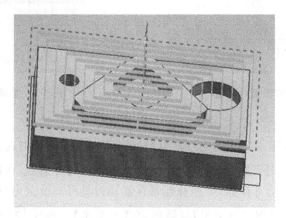

图 9-8　面铣刀具路径

　　选择工具栏上创建操作 ![]图标,打开【创建操作】对话框,如图 9-9 所示,在【子类型】中选择![]操作,在【程序】选项中选择【NC_PROGRAM】,在【使用几何体】选项中选择【WORK-PIECE】,在【使用刀具】选项中选择【D10】,在【使用方法】选项中选择【MILL_FINISH】,单击【确定】按钮,打开【PLANAR_PROFILE】对话框,如图 9-10 所示。选择![]图标,再单击此图标下的【选择】选项,打开【边界几何体】对话框,在【模式】一栏中选择【曲线边】,在【材料侧】一栏中选择【内部】,选择模型底面的四边形,在![平面]![用户定义]单击三次【确定】按钮,完成![]的设置。选择![]图标,单击此图标下的【选择】选项,打开【边界几何体】对话框,选择毛坯下表面的四边形,再次单击![平面]![用户定义],【每一刀的深度】设置为 0.5,完成选择。同样选择![]图标,单击此图标下的【选择】选项,打开【平面构造】对话框,在【过滤器】一栏中选择![面],然后选择加工涡旋时切削部分的下表面作为底面,单击【确定】按钮完成此项选择。

　　在**切削方式**后选择跟随工件![]图标,单击【切削深度】按钮,设置最大切削深度为"1",单击【确定】按钮,选择![]生成图标,形成刀具轨迹,单击【确定】按钮完成操作。刀具模拟路径如图 9-11 所示。

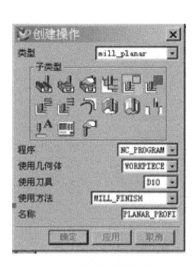

图 9-9　外形铣【创建操作】对话框

图 9-10　外形铣对话框

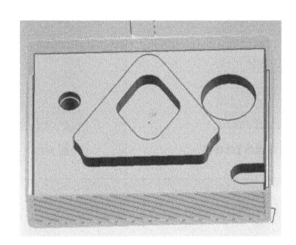

图 9-11　矩形外形铣削加工模拟加工刀具路径

步骤七　粗铣凸台。

选择工具栏上创建操作 图标，打开【创建操作】对话框，如图 9-12 所示。在【子类型】中选择 操作，在【程序】选项中选择【NC_PROGRAM】，在【使用几何体】选项中选择【WORK-PIECE】，在【使用刀具】选项中选择【D10】，在【使用方法】选项中选择【MILL_ROUGH】，单击【确定】按钮，打开【PLANAR_MILL】对话框，如图 9-13 所示。选择 图标，再单击此图标下的【选择】选项，打开【边界几何体】对话框，单击【曲线边】进行边界选择，单击工件中心凸台的外轮廓线框，选择完成后单击两次【确定】按钮，完成 的设置。选择 图标，单击此图标下的【选择】选项，打开【边界几何体】对话框，选择工件的下表面后单击【确定】按钮，完成选择。选择 图标，单击此图标下的【选择】选项，单击长方体上表面，单击【确定】，完成底面选择。在

切削方式后选择跟随工件 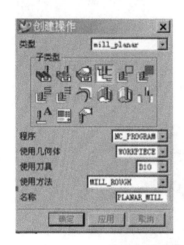 图标,单击【切削深度】,设置最大切削深度为"1";单击【确定】按钮,选择 ▶ 生成图标,形成刀具轨迹;单击【确定】按钮,完成操作,生成模拟刀具路径。如图9-14所示。

图 9-12　外形粗铣【创建操作】对话框

图 9-13　外形粗铣对话框

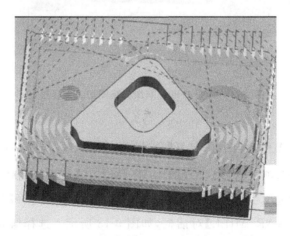

图 9-14　凸台外形粗铣加工模拟加工刀具路径

　　步骤八　精铣凸台。

　　进行精加工时选用的是轮廓铣。单击选择工具栏上创建操作 ▶ 图标,打开【创建操作】对话框,选择轮廓铣 图标,在【使用几何体】选项中选择【WORKPIECE】,在【使用刀具】选项中选择【D5】进行轮廓铣,在【使用方法】选项中选择精加工,单击【确定】按钮,进入轮廓铣精加工对话框。选择 图标,再单击此图标下的【选择】选项,打开【边界几何体】对话框;单击【曲线边】进行边界选择,点选工件中心的凸台的外轮廓线框;单击【确定】按钮,完成 的设置。选择 图标,单击此图标下的【选择】选项,点选底面;单击【确定】按钮,完成底面选择。在**切削方式**后选择跟随工件 图标;单击【切削深度】,将【仅底面点】换成【用户自定义】,设置最大切削深度为"0.5";单击【确定】按钮,选择 生成图标,形成刀具轨迹;单击【确定】按钮,完成操作,生成凸台精加工模拟刀具路径。如图 9-15 所示。

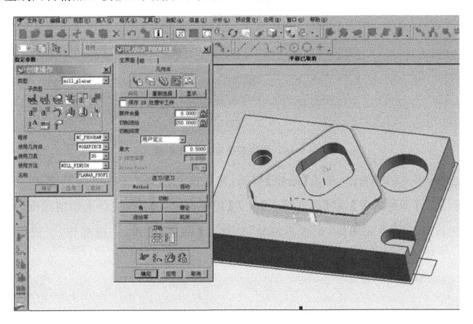

图 9-15　凸台外形铣削精加工模拟路径

步骤九　粗、精铣凹槽。

选择工具栏上创建操作 图标。打开【创建操作】对话框,在【子类型】中选择 操作,【程序】选项中选择【NC_PROGRAM】,【使用几何体】选项中选择【WORKPIECE】,【使用刀具】选项中选择【D10】,【使用方法】选项中选择【MILL_ROUGH】。单击【确定】按钮,打开【PLANAR_MILL】对话框,选择 图标;再单击此图标下的【选择】选项,打开【边界几何体】对话框,在【材料侧】一栏中选择【外部】;单击【曲线边】进行边界选择,单击小凸台上凹槽的外轮廓线框,选择完成后单击两次【确定】按钮,完成 的设置。选择 图标,单击此图标下的【选择】选项;单击凹槽底面;单击【确定】按钮;完成底面选择。在**切削方式**后选择跟随工件 图标;单击【切削深度】按钮,打开【切削深度参数】对话框,设置最大切削深度为"1";单击【确定】按钮,选择 生成图标,形成刀具轨迹;单击【确定】按钮,完成操作,生成模拟刀具路径,如图 9-16所示。

在【创建操作】对话框中点选 图标,将【使用刀具】改为【D5】,【使用方法】选为精加工,单击【确定】按钮,在弹出的对话框中选择 图标;再单击此图标下的【选择】选项,打开【边界几何体】对话框,在【材料侧】一栏中选择【外部】;单击【曲线边】进行边界选择;单击小凸台上凹槽的外轮廓线框,选择完成后单击两次【确定】按钮,完成 的设置。单击 图标,单击此图标下

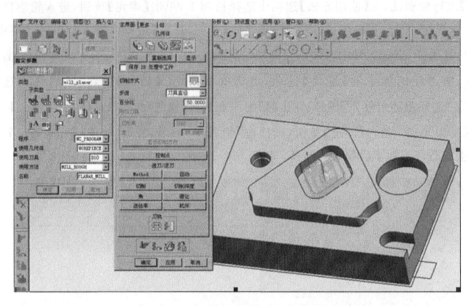

图 9-16 粗铣凹槽模拟刀具路径

的【选择】选项，单击凹槽底面，单击【确定】按钮，完成底面选择。在**切削方式**后选择跟随工件 ▦ 图标，单击【切削深度】，将【仅底面点】换成【用户自定义】，设置最大切削深度为"1"，单击【确定】按钮，选择 ▶ 生成图标，形成刀具轨迹，单击【确定】按钮，完成操作，生成模拟刀具路径，如图 9-17 所示。

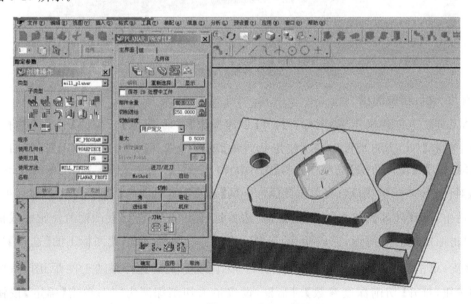

图 9-17 凹槽精加工模拟刀具路径

步骤十 粗、精加工键槽。

选择工具栏上创建操作 ▶ 图标，打开【创建操作】对话框，在【子类型】中选择 ▦ 按钮，在【程序】选项中选择【NC_PROGRAM】，在【使用几何体】选项中选择【WORKPIECE】，在【使用刀具】选项中选择【D5】，在【使用方法】选项中选择【MILL_ROUGH】，单击【确定】按钮，打开

【PLANAR_MILL】对话框。单击图标，再单击此图标下的【选择】选项，打开【边界几何体】对话框，在【模式】一栏中选择【曲线边】，在【材料侧】一栏中选择【外部】，单击选择键槽，单击三次【确定】按钮，完成的设置。选择图标，单击此图标下的【选择】选项，打开【平面构造】对话框，在【过滤器】一栏中选择【面】，然后选择加工涡旋时切削部分的下表面作为底面，单击【确定】按钮，完成此项选择。

在切削方式后选择跟随工件图标，单击【切削深度】按钮，打开【切削深度参数】对话框，设置最大切削深度为"1"，单击【确定】按钮，选择生成图标，形成刀具轨迹，单击【确定】按钮，完成操作，生成模拟刀具路径，如图 9-18 所示。

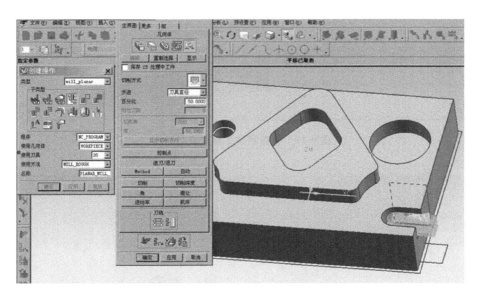

图 9-18　键槽粗加工模拟刀具路径

与生成粗加工刀具轨迹的方法一样，生成精加工刀具轨迹的方法也是进行加工方法、切削深度、进/退刀、进给率等的选择和参数的设定，把【切削深度】改为"0.5"，最后在【ROUGH _ FOLLOW】对话框单击图标，形成刀具轨迹，单击【确定】按钮，完成操作，如图 9-19 所示。

步骤十一　粗、精铣 ϕ38 孔。

选择工具栏上创建操作图标，打开【创建操作】对话框。在【子类型】中选择按钮，【程序】选项中选择【NC_PROGRAM】，【使用几何体】选项中选择【WORKPIECE】，【使用刀具】选项中选择【D10】，【使用方法】选项中选择【MILL_ROUGH】。单击【确定】按钮，打开【PLANAR _MILL】对话框。单击图标，再单击此图标下的【选择】选项，在【模式】一栏中选择【曲线边】，【材料侧】一栏中选择【外部】；单击选择 ϕ38 孔，单击三次【确定】按钮，完成的设置。选择图标，单击此图标下的【选择】选项，打开【平面构造】对话框，在【过滤器】一栏中选择【面】，然后选择加工涡旋时切削部分的下表面作为底面，单击【确定】按钮，完成此项选择。

在切削方式后选择跟随工件图标。单击【切削深度】按钮，打开【切削深度参数】对话框，设置最大切削深度为"1"；单击【确定】按钮，选择生成图标，形成刀具轨迹；单击【确定】按钮，完成操作，生成模拟刀具路径。如图 9-20 所示。

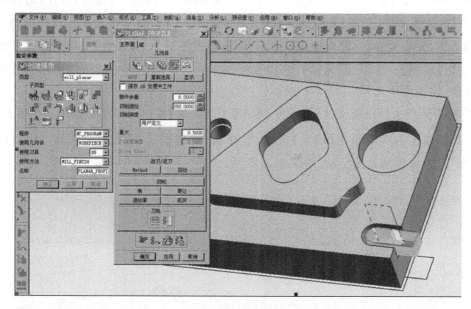

图 9-19 键槽精加工模拟刀具路径

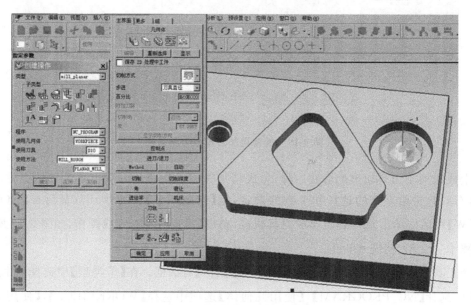

图 9-20 φ38 孔粗加工模拟刀具路径

与生成粗加工刀具轨迹的方法一样,生成精加工刀具轨迹的方法也是进行加工方法、切削深度、进/退刀、进给率等的选择和参数的设定,把切削深度改为"0.5",最后在【ROUGH_FOLLOW】对话框单击 ![icon] 图标,单击【确定】按钮,完成操作,生成模拟刀具路径,如图 9-21所示。

步骤十二 φ15、φ12 孔铣削。

加工 φ15 及 φ12 孔的方法,与加工 φ38 的孔一样(过程略)。到此,工件全部模拟加工完成,如图 9-22 所示。

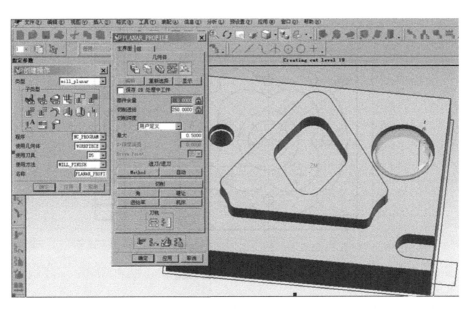

图 9-21　φ38 孔精加工模拟刀具路径

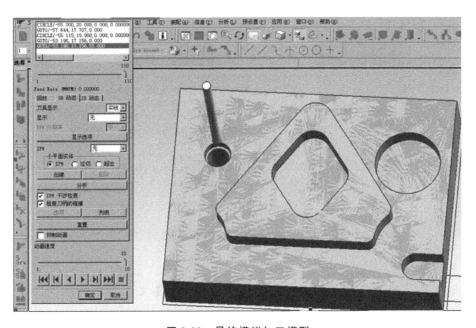

图 9-22　最终模拟加工模型

◀ 9.3　零件加工在 MasterCAM X 中的实现 ▶

下面以图 9-23 所示的零件加工为例介绍加工及仿真过程，详细阐述 MasterCAM X 软件加工的基本功能，让大家对该软件的应用有一定的了解。

1. 机床参数

根据实际选择相对应的机床，如果只是模拟仿真看效果，可直接选择【系统默认】机床，如图 9-24所示。

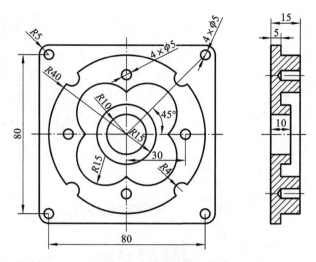

图 9-23　加工零件二维图

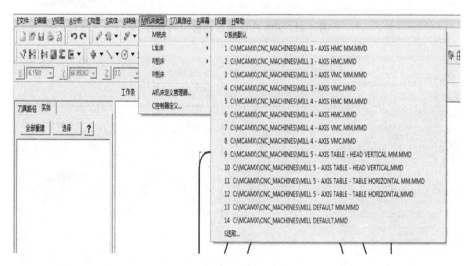

图 9-24　机床选择

2. 材料设置

选择刀具之后，屏幕右边【刀具路径】下出现【加工群组 1】，如图 9-25 所示。

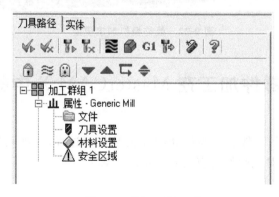

图 9-25　【加工群组 1】

单击【材料设置】,系统弹出图 9-26 所示对话框,在该对话框中需定义的参数有:

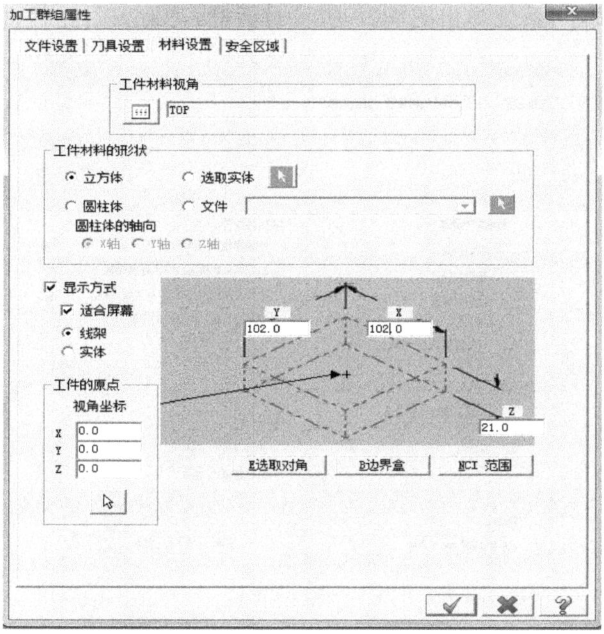

图 9-26　加工群组属性材料设置对话框

(1) 定义工件毛坯尺寸　在 MasterCAM X 中,铣削工件毛坯的形状可设置为立方体或圆柱体,定义工件的尺寸有以下几种方法:

①直接在【加工群组属性】对话框的 X、Y 和 Z 输入框中输入工件毛坯的尺寸。

②单击【选取对角】按钮,在绘图区选取工件的两个角点定义工件毛坯的大小。

③单击【边界盒】按钮,在绘图区选取几何对象后,系统根据选取对象的外形来确定工件毛坯的大小。在本例中采用本方法来定义毛坯,生成的毛坯如图 9-27 中虚线所示。

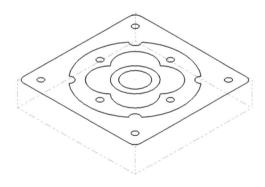

图 9-27　毛坯

(2) 设置工件原点　在 MasterCAM X 中,可将工件的原点定义在工件的 10 个特殊位置上,包括 8 个角点及两个面中心点。系统用一个小箭头来指示所选择原点在工件上的位置,光标移到各特殊点上,单击鼠标左键即可将该点设置为工件原点。

工件原点的坐标也可以直接在【工件的原点】输入框中输入,也可单击 按钮后进入绘图区选取工件的原点。

(3) 设置工件材料形状　有立方体、圆柱体,或者直接选取实体。

3. 刀具设置

单击【刀具设置】按钮,系统弹出图 9-28 所示对话框,可对刀具路径进行配置。

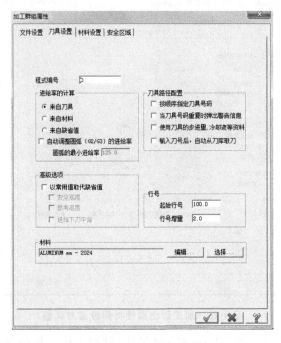

图 9-28　刀具设置对话框

4. 文件设置

可对群组名称、刀具库等进行修改,如图 9-29 所示对话框。

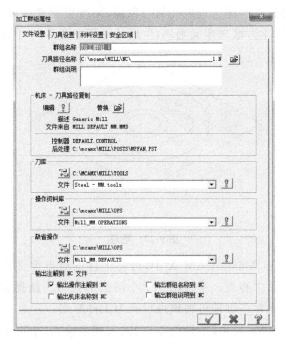

图 9-29　文件设置对话框

5．平面铣削刀具路径

平面铣削刀具路径是由沿着工件外形的一系列线和弧组成的刀具路径。在顶面的平面铣削中主要对所加工零件的上表面进行粗加工和精加工。生成外形铣削刀具路径的操作步骤如下。

（1）选择【平面铣削刀具路径】，如图 9-30 所示。

选择【平面铣削刀具路径】后，弹出【串连选项】，如图 9-31 所示。选择默认的串连"⬭"，单击二维图形的矩形封闭轮廓，出现绿色的箭头（如果出现的是红色的箭头，说明轮廓线没有封闭或者有重复线条，需要修改后串连），单击确定按钮 ✔ 。

图 9-30　选择【平面铣削刀具路径】

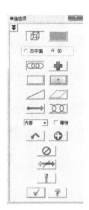

图 9-31　【串连选项】

（2）刀具选择。

串连选矩形后弹出刀具参数选择对话框，单击【选取刀库】，弹出【刀具选择】对话框，如图 9-32 所示，选择直径为 50 mm 的面铣刀，单击 ✔ 按钮，返回刀具参数选择对话框，设置【进给率】为 800 mm/min，【主轴转速】为 1000 r/min，【下刀速率】为 400 mm/min，勾选【快速提刀】复选项，如图 9-33 所示。

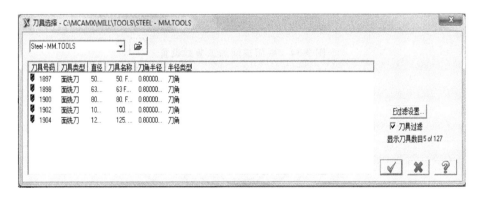

图 9-32　平面铣刀选项

（3）平面铣削参数设置。

打开【平面铣削参数】选项卡，勾选【参考高度】选项并设置为 10.0 mm，【进给下刀位置】为 2.0 mm，【工件表面】设为 0.0，【深度】设为 −1.0 mm。勾选所有【绝对坐标】复选项，最大步进量为刀具直径的 50%，其余参数默认，如图 9-34 所示。

单击【平面加工】对话框中的确定按钮 ✔ ，生成刀具路径，如图 9-35 所示。

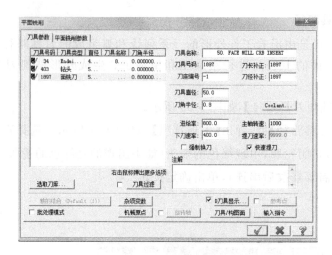

图 9-33　刀具参数设置

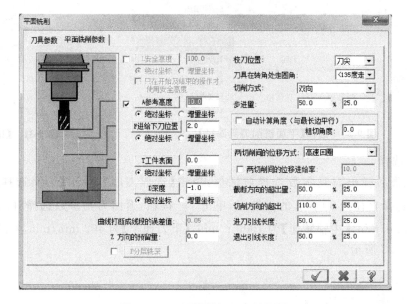

图 9-34　平面铣削加工参数设置

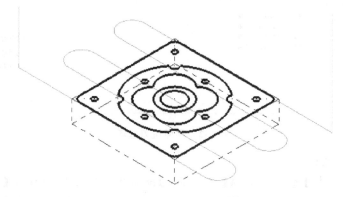

图 9-35　平面铣削加工刀具路径

6. 挖槽加工刀具路径

挖槽铣削用于产生一组刀具路径去切除一个封闭外形所包围的材料,或者一个铣平面,也可以粗切削一个槽。挖槽加工刀具路径由两组主要的参数来定义:挖槽参数和粗加工/精加工参数。

1) 标准挖槽铣削加工

(1) 刀具参数设置。

ϕ20 孔挖槽加工,【刀具路径】→【挖槽刀具路径】,默认串连选择方式,单击图中的 ϕ20 孔轮廓,单击 ✔ 按钮,弹出标准挖槽对话框,单击【选取刀库】,选择直径为 4 mm 的立铣刀,单击 ✔ 按钮。右键单击刀具,选择【编辑刀具】,弹出刀具参数设置对话框,如图 9-36 所示,对刀具的【进给率】、【下刀速率】、【主轴转速】、【刀具材料】等进行设置。

系统弹出【挖槽(标准挖槽)】对话框,选择直径为 4 mm 的立铣刀,设置【进给率】为 800 mm/min,【主轴转速】为 2000 r/min,【下刀速率】为 400 mm/min,勾选【快速提刀】复选项,如图 9-37 所示。

注:①选择 ϕ4 mm 的立铣刀是因为后面也可选择这把刀具进行加工,如果选择的刀具直径过大,后面岛屿深度挖槽路径走不过去,导致挖槽不干净。如果两把刀大小选择不一样,实际加工就要多一次对刀,会多费时间和精力。②ϕ20 孔深度为 15 mm,挖槽深度设置为 −17,是因为表面已经铣削了 1 mm,底面还要翻转过来加工去掉,为避免翻转加工时底部加工精度尺寸不够,故铣削深度可设置多几毫米,但要注意设置的深度不能超过材料的总厚度。③如果刀具选择错误需要删除,单击要删除的刀具,再按键盘删除键即可(右键没有删除功能)。

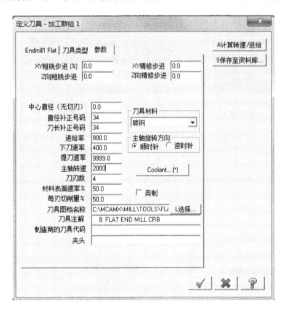

图 9-36　定义刀具

(2) 2D 挖槽参数设置。

打开【2D 挖槽参数】选项卡,勾选【参考高度】复选项并设置为 10.0 mm,【进给下刀位置】为 2.0 mm,【工件表面】为 0.0,【深度】为 −17.0 mm。勾选所有【绝对坐标】复选项,设置【XY 方向预留量】和【Z 方向预留量】都为 0.0,勾选【分层铣深】复选项,如图 9-38 所示。单击确定按钮 ✔ ,设置【最大粗切深度】为 2.0 mm,【精修次数】为 1,【精修步进量】为 0.5 mm,勾选【不提刀】复选项,如图 9-39 所示。

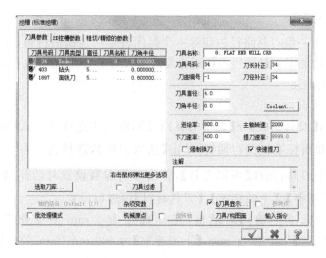

图 9-37 标准挖槽加工刀具参数

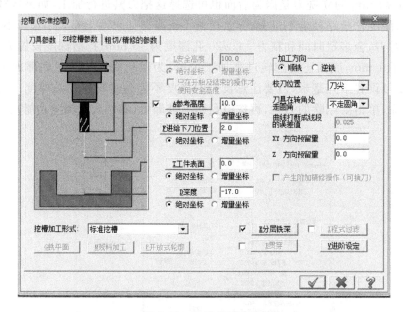

图 9-38 标准挖槽参数

图 9-39 标准挖槽分层铣深参数

（3）粗切/精修参数设置。

选择走刀方式为【螺旋切削】。设置【切削间距（直径%）】为 50.0%，勾选【由内而外环切】复选项，勾选【螺旋式下刀】，勾选【精修】，设置【次数】为 1 次，【间距】为 2.0 mm，勾选【不提刀】复选项，如图 9-40 所示。单击 ✓ 确定按钮，得到模拟路径，如图 9-41 所示。

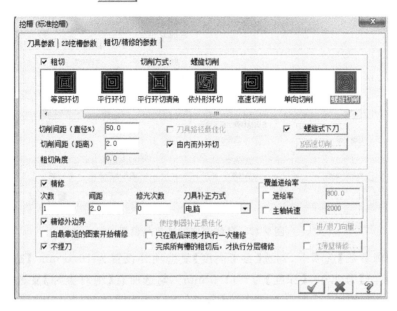

图 9-40　标准挖槽加工粗切/精修参数

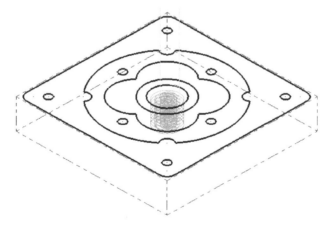

图 9-41　挖槽加工模拟路径

2）岛屿深度挖槽铣削加工

（1）刀具参数设置。

$\phi30$ 孔与花朵状圆弧中间挖槽加工，【刀具路径】→【挖槽刀具路径】，默认串连选择方式，单击 $\phi30$ 孔和花朵状圆弧轮廓（顺序无先后，但箭头方向要一致），单击 ✓ 按钮，弹出标准挖槽对话框，选择与上一步骤相同的立铣刀，由于上一步已经对这把刀具的【进给率】、【主轴转速】、【下刀速率】等进行过设置，当单击选择同一把刀具时，参数默认相同。勾选【快速提刀】复选项，如图 9-42 所示。

（2）岛屿深度挖槽参数设置。

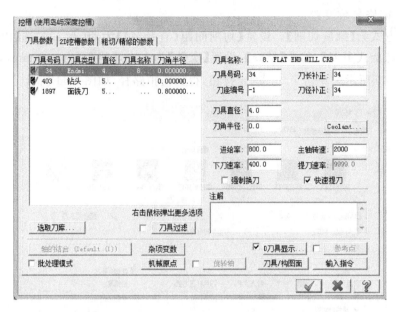

图 9-42 岛屿深度挖槽刀具设置

打开【2D 挖槽参数】选项卡,勾选【参考高度】复选项并设置为 10.0 mm,【进给下刀位置】为 2.0 mm,【工件表面】为 0.0。【深度】为−11.0 mm。勾选所有【绝对坐标】复选项,设置【XY 方向预留量】和【Z 方向预留量】都为 0.0,勾选【分层铣深】复选项,如图 9-43 所示。单击确定按钮 ✓ ,设置【最大粗切深度】为 2.0 mm,【精修次数】为 1,【精修步进量】为 0.5 mm,勾选【不提刀】复选项,如图 9-44 所示。单击【挖槽加工形式】下拉菜单,选择【使用岛屿深度】,单击【铣平面】,如图 9-45 所示。设置【岛屿上方预留量】为−6.0 mm,如图 9-46 所示。

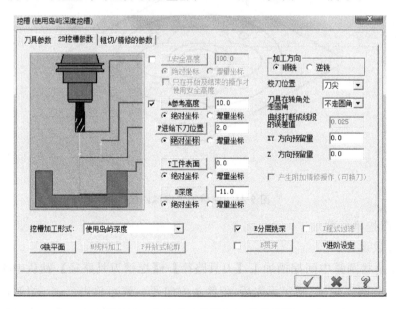

图 9-43 岛屿深度挖槽加工参数设置

(3) 粗切/精修参数设置。

选择走刀方式为【螺旋切削】。设置【切削间距(直径%)】为 50.0%,勾选【由内而外环切】复选项,勾选【螺旋式下刀】,勾选【精修】,设置【次数】为 1 次,【间距】为 2.0 mm,勾选【不提刀】

图 9-44　岛屿深度挖槽分层铣深参数设置

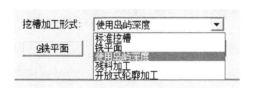

图 9-45　选择挖槽加工形式

图 9-46　岛屿深度挖槽铣平面参数设置

复选项,如图 9-47 所示。单击 ✓ 确定按钮,得到模拟路径,如图 9-48 所示。

7. 外轮廓刀具路径

将刀具中心从选取的边界路径上按指定方向偏移一定的距离。当设置为左偏移时,刀具在路径的左边;当设置为右偏移时,刀具在路径的右边;设置为不偏移时,刀具中心在路径上。

1) 花朵状外形铣削加工

(1) 刀具参数设置。

【刀具路径】→【外形铣削刀具路径】,默认串连选择方式,选择花朵状圆弧轮廓,单击 ✓ 按钮,弹出外形 2D 铣削对话框,选择与上一步骤相同的立铣刀,【进给率】、【主轴转速】、【下刀速率】等进行过设置,参数默认相同。勾选【快速提刀】复选项,如图 9-49 所示。

(2) 外形铣削参数设置。

打开【外形铣削参数】选项卡,勾选【参考高度】复选项并设置为 10.0 mm,【进给下刀位置】为 2.0 mm,【工件表面】为 0.0。【深度】为 −11.0 mm。勾选所有【绝对坐标】复选项,设置【XY

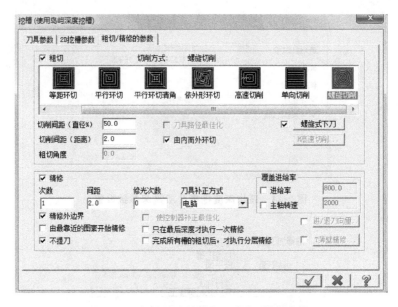

图 9-47　岛屿深度挖槽加工粗切/精修参数

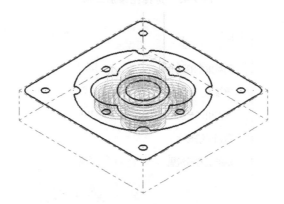

图 9-48　岛屿深度挖槽加工模拟路径

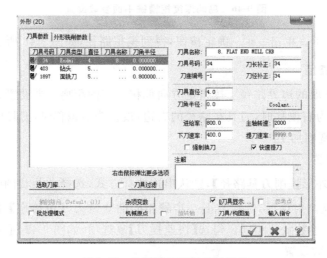

图 9-49　外形铣削刀具参数设置

方向预留量】和【Z 方向预留量】都为 0.0,【补正方向】为右,如果模拟路径铣削方向不对,则【补正方向】为左。勾选【平面多次铣削】复选项,如图 9-50 所示。单击确认按钮 ✓ ,设置粗切【次数】为 11,【间距】为 3 mm,精修【次数】为 1,【间距】为 0.5 mm,勾选【不提刀】复选项,如图 9-51 所示,单击 ✓ 按钮。勾选【分层铣深】复选项并单击确认按钮 ✓ ,设置【最大粗切步进量】为 2.0 mm,【精修次数】为 1,【精修步进量】为 0.5 mm,勾选【不提刀】复选项,如图 9-52 所示。单击 ✓ 按钮,得到模拟路径,如图 9-53 所示。

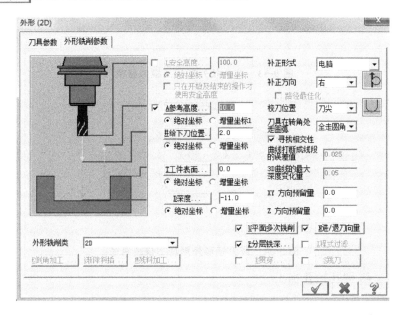

图 9-50　外形铣削参数设置

图 9-51　平面多次铣削参数设置

图 9-52　分层铣深参数设置

2)最大矩形外形铣削加工

与上面的花朵状外形铣削加工的操作方法相同,得到的模拟路径如图 9-54 所示。

8. 钻孔加工刀具路径

钻孔刀具路径主要用于钻孔、镗孔和攻丝等加工。除了前面介绍的刀具共同参数之外,有一组专用的钻孔参数用来设置钻孔刀具路径生成方式。

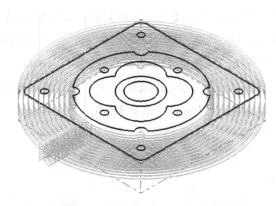

图 9-53　花朵状外形加工模拟路径

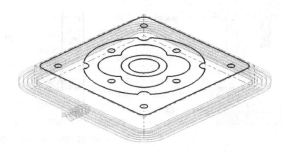

图 9-54　最大矩形外形加工模拟路径

1）凸台上 4×φ5 圆孔钻孔加工

（1）刀具参数设置。

【刀具路径】→【钻孔刀具路径】，默认钻孔点的选择方式，选择凸台上 4 个 φ5 圆孔的中心，单击 $\boxed{\checkmark}$ 按钮，弹出【深孔啄钻】对话框，选择直径为 5 mm 的中心钻，设置【进给率】为 720 mm/min，【主轴转速】为 3000 r/min，如图 9-55 所示。

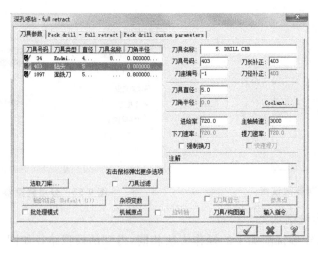

图 9-55　凸台上 4×φ5 圆孔钻孔加工刀具参数

（2）深孔钻参数设置。

打开【Peck drill-full retract】（深孔钻-无啄孔）选项卡，设置【参考高度】为 10.0 mm，【工件表面】为 0.0，【深度】为 −11.0 mm。【钻孔循环】选择【Peck Drill】，【Peck】设置为 2.0 mm，勾选

所有【绝对坐标】复选项,如图 9-56 所示。单击 ✔ 按钮,得到模拟路径,如图 9-57 所示。

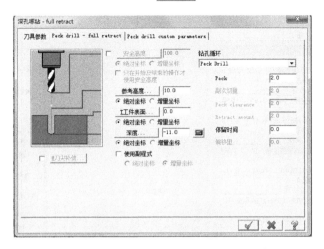

图 9-56　深孔啄钻参数设置

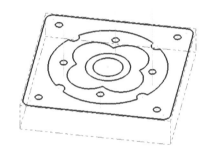

图 9-57　凸台上 $4 \times \phi 5$ 圆孔加工模拟路径

2）底座 $4 \times \phi 5$ 圆孔钻孔加工

用凸台上 $4 \times \phi 5$ 圆孔钻孔加工相同的操作方法,得到模拟路径,如图 9-58 所示。

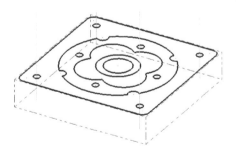

图 9-58　底座 $4 \times \phi 5$ 圆孔钻孔加工模拟路径

9. 仿真结果

选择所有的加工路径,如图 9-59 所示,单击验证 🔲 按钮,进入实体验证加工仿真界面,如图 9-60 所示。在加工仿真的界面中设置好参数,系统进入加工仿真状态,仿真结果如图 9-61 所示。如果需要修改刀具路径,在加工刀具路径中单击相对应要修改的参数进行修改,修改后如出现 ✖,则需要单击 🔧 按钮重新计算路径,去掉 ✖ 即可再次运行模拟仿真,如果在设置参数中需要隐藏刀具路径,则可选择需要隐藏的刀具路径,然后单击 ≋ 按钮;反之亦然。

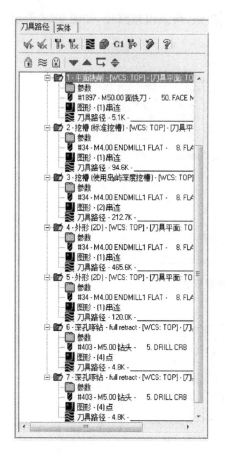

图 9-59　加工刀具路径

图 9-60　实体验证操作

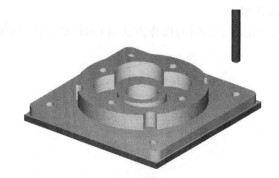

图 9-61　实体验证模拟加工结果

10. 程序生成

单击 **G1** 按钮,弹出【后处理程式】对话框,如图 9-62 所示,单击 ✔ 确定按钮,弹出【另存为】对话框,设置保存文件的位置,修改文件的名称,名称保留后缀.NC,设置完毕后,单击【保存】按钮。自动弹出程序编辑器,如图 9-63 所示,可以对自动生成的程序进行编辑和修改。到此,加工过程全部完成。

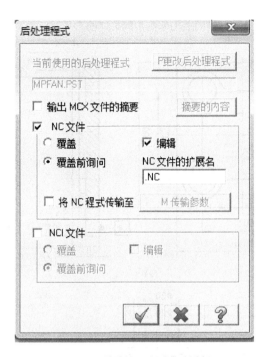

图 9-62　【后处理程式】对话框

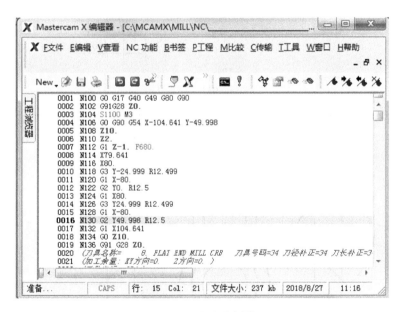

图 9-63　程序编辑器

思　考　题

选择任意一种机械 CAD/CAM 应用软件,对图 9-64 所示零件采用最佳方案进行零件造型,模拟加工过程。

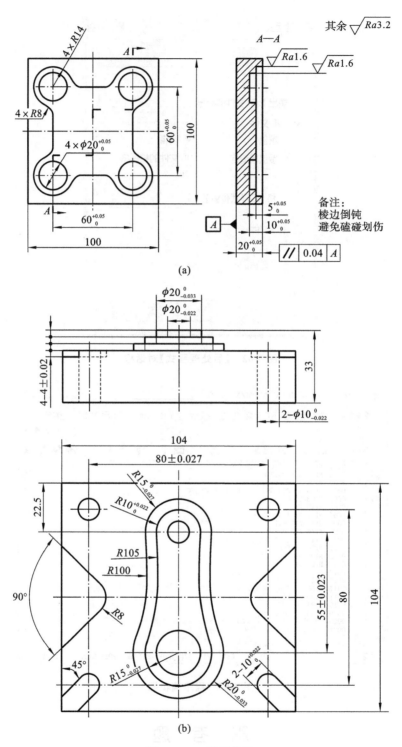

图 9-64　二维零件图

第 10 章

计算机辅助生产管理与控制

本章主要介绍计算机辅助生产管理与控制的相关知识,要求了解生产管理的概念、CAPMS的定义以及作用,掌握 CAPMS 的组成以及制造资源计划 MRPⅡ,了解生产管理技术的发展趋势。

◀ 10.1 计算机辅助生产概述 ▶

生产管理——对企业日常生产活动的计划、组织和控制,是与产品制造密切相关的各项管理工作的总称。狭义的生产管理是指生产作业的管理,广义的生产管理是对企业生产经营活动的全面管理。

随着企业生产类型从重复生产、大批量生产到小批量及单件生产方式过渡,用计算机辅助生产管理系统 CAPMS(computer aided production management system)代替全人工管理越来越显示出其优越性,主要表现在以下五个方面:

(1) 有利于实现管理方法的高效性;

(2) 有利于实现企业管理体制的合理化;

(3) 有利于使管理人员从烦琐的事务性工作中解脱出来;

(4) 有利于基础数据管理的科学化;

(5) 有利于实现管理效果的最优化。

◀ 10.2 CAPMS 的组成 ▶

CAPMS 的组成如图 10-1 所示。图中管理信息包括需求预测信息、用户信息、订货信息、生产计划信息、库存管理信息、作业计划信息、质量管理信息、设备维修信息、劳务管理信息、成本管理信息;技术信息包括产品设计信息、设计图样信息、工艺设计信息、作业设计信息、机械设备信息、材料和零部件信息、加工技术信息、装配信息。

1. CAPMS 的模块——生产计划

生产计划模块包括经营计划、主生产计划和粗能力平衡核算。

(1) 经营计划——规定在一年内企业生产的产品、产量以及供应、销售、财务成本、劳动人事等方面的计划,确定一年的生产经营目标,指导全厂的生产经营活动。

(2) 主生产计划——根据经营计划、销售合同和市场预测,确定各时间段需要制造的产品产量和生产时间,为物资供应计划和物料需求计划提供依据。

(3) 粗能力平衡核算——根据主生产计划、物料清单、零件不同工艺阶段的制造提前期,产生按时间分布的各工作中心的能力负荷报告,为计划人员提供计划和能力调整的参考依据。

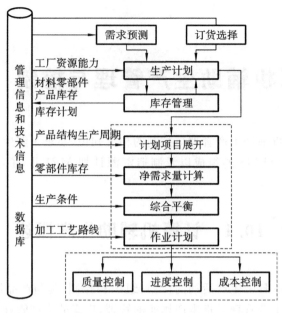

图 10-1 CAPMS 的组成

2. CAPMS 的模块——作业计划

作业计划模块核实物料需求计划下达的任务,生成以零件为对象的加工单和以工作中心为对象的派工单。

(1) 工作中心是管理信息系统中的一个概念,作业计划和能力平衡都以工作中心为单位进行。通常,根据车间的设备和劳动力的加工工艺特征,把能执行相同或相似工序的设备和劳动力划分在同一工作中心内。

(2) 生产作业计划模块一般只是执行计划,不再生成计划;只控制工序的优先顺序(指作业排序),而不变动加工单的优先顺序;只是妥善利用已有的车间资源,而不能再得到新资源。

(3) 车间作业阶段是动态信息比较多的作业阶段,要及时如实反馈执行计划的实际情况,作为分析和改进计划的依据。

3. CAPMS 的模块——物料需求计划

物料需求计划模块根据主生产计划确定的品种,由物料清单展开,获得对所有零部件的总需求量;查库存现有量,得出净需求量;得出各车间零部件生产作业计划、外购配套件的需求计划和详细能力需求计划。

物料需求计划模块的主要功能如下:

(1) 物料需求计划的生成;

(2) 产生例外信息;

(3) 批量策略支持;

(4) 通用件、借用件的批处理;

(5) 确认计划订单;

(6) 产生工作中心的能力和负荷平衡分析;

(7) 产生日、旬、月生产信息统计报表,包括产量、产值及工时完成情况等动态生产信息。

4. CAPMS 的模块——库存管理

库存管理模块管理除工具外的库存物品,一般来说,包括原材料、在制品、零部件和产成品,应能提供精确的物料库存数据和有关分析报告。

库存管理模块的主要功能如下：

（1）库存基础数据管理；

（2）库存主账管理；

（3）库存流水账管理；

（4）限额领料管理；

（5）清仓盘库处理；

（6）库存统计分析；

（7）库存品价格维护等。

◀ 10.3　制造资源计划 MRPⅡ ▶

1. 制造资源计划 MRPⅡ概述

物料需求计划（material requirement planning——MRP）是 20 世纪 60 年代美国首创的一种库存计划与控制方法，把产品的交货期展开成零部件生产进度日程和原材料、外购件的需求日期的安排，输出到生产作业调度模块和采购模块，编排好加工和采购计划，使之在需用的日期能够配套备齐，满足装配和交货的要求。

20 世纪 70 年代后期，人们逐渐认识到 MRP 并不完善，为此增加了生产能力的平衡、计划下达和实施过程的反馈调整功能，形成集生产、供应、销售和财务等功能于一体的系统，这就是制造资源计划（manufacturing resource planning，MRPⅡ）。

2. MRPⅡ 的功能模块

MRPⅡ 是对制造业生产经营活动建立的一种模型。它实现了对企业生产计划和供应计划的管理，可编制能力需求计划和物料需求计划，并可对计划方案进行测试和评价。MRPⅡ 的功能模块如图 10-2 所示。

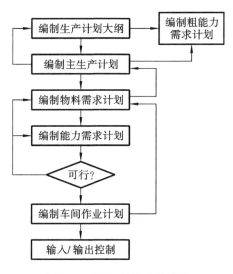

图 10-2　MRPⅡ 的功能模块

3．编制粗能力需求计划

（1）粗能力需求计划 RCCP(rough cut capacity planning)：将产品的生产计划转变成对相关工作中心的生产能力需求的粗略估算。

（2）编制粗能力需求计划的目的：

①在编制主生产计划前，对生产计划大纲进行能力需求计算；

②在编制物料需求计划前，对主生产计划进行能力需求计算；

③对生产中所需的关键资源进行需求计算和分析。

（3）关键资源：

①瓶颈工作中心；

②供应商；

③自然资源、物料；

④有专门技能的人员；

⑤运输、仓库。

在编制粗能力需求计划之前，需确定能力清单 BOC(bill of capacity)。BOC 和 BOM 类似，它为项目生产所需生产资源和地点的数据库。BOC 的制定步骤如下：

①定义关键资源；

②从主生产计划的每种产品系列中选代表产品；

③根据产品物料清单，确定占用各种关键资源的所有零部件；

④确定生产单位产品对关键资源的总需求量或分时间周期的资源需求分布图。

（4）编制粗能力需求计划的主要步骤：

①确定关键资源的实际能力和最大能力；

②根据每月主生产计划产量和能力清单，确定系列产品生产的能力需求量；

③确定关键资源总的能力需求；

④累计总的可用资源能力。

（5）能力需求不平衡的调整措施：

①解决材料短缺的措施——增加材料购买量，减少总产量，采用替换材料，改变供应商；

②解决劳动力短缺的措施——安排加班，增加班次，转包，减少产量，采用均衡产量的生产方式，改造设备；

③解决机器短缺的措施——购买新设备，升级现有设备，采用新工艺，重排生产计划，外协，减少产量，加强技术改造。

4．编制生产计划大纲

（1）生产计划大纲 PP(production planning)的内容——企业各类产品一年内每月的产量。

①产品的计划展望期为一年时间，并按月分解；

②产品类不是某一型号的产品；

③每一产品类的月生产量。

（2）生产计划大纲的编制过程：

①收集信息。

·经营计划——销售目标、利润目标、库存目标；

·销售计划——产品类分时间段的销售预测；

·成本和利润分析。

②编制生产大纲初稿——根据资源清单和以上信息,综合考虑预测/需求、生产、库存等三个方面的因素来确定。

③决定资源需求。

·通过比较产量和资源清单,确定是否有足够的资源来生产需要的产品;

·确定资源不足或过剩时如何协调差距。

④生产计划大纲定稿。

⑤批准生产计划大纲。

5.编制主生产计划

(1) 主生产计划 MPS(master production schedule)的内容:MPS 说明一个公司计划在各时间周期内制造什么产品及其数量。其相关信息为:

①生产计划大纲;

②预计需求(预计需求＝实际合同数＋预测值);

③可用的原材料和部件;

④制造和采购的提前期;

⑤生产准备时间;

⑥合理的生产顺序。

(2) 编制 MPS 的准则:

①用最少的项目数进行排产,以降低生产成本。

②只列出可构造项目(Buildable Item)。

③列出对生产能力、财务或关键材料有重大影响的项目。

④对有多种选择性的产品,用成品装配计划 FAS 来简化 MPS 的处理过程。

FAS(final assembly schedule)——用成品项目和用户特定配置来描述的短期的生产制造计划,用于在不能预计用户订货时对各种可选部件的选择时使用。

⑤安排预防性维修时间。作为一个项目,在 MPS 中安排预防维修时间;按所需的预防维修时间减少生产能力来确定 MPS。

(3) MPS 的时间范围(三种基准):

①计划时间展望期(planning horizon);

②时间周期(time buckets);

③时间区间(time zone)和时间栏(time fence)。

MPS 将订单分为三级,对应时间展望期的三个时段:

①第一级为制造订单(manufacturing orders):必须制造的产品数量,对应时间区间 1;

②第二级为确定的计划订单(firm planned orders):由高层授权,计划员可适当修改,对应时间区间 2;

③第三级为计划订单(planned orders):计划员在获得信息后可自主修改。

(4) MPS 的修改(应尽量避免)。

①修改的原因:

·用户变更或取消订单;

·可利用的生产能力发生变化;

·无法提供原材料;

·供方失约;

· 出现过多废品。

②修改的影响：

· 影响供销；

· 增加成本。

6. 编制物料需求计划

物料需求计划是采购或制造订单的分时间段计划，是主生产计划的细化。主生产计划、独立需求的预测、物料清单文件（BOM）、库存文件是编制物料需求计划的基础。

物料清单是构成父件或装配件的所有子装配件、零部件和原材料的树形结构数据库，是物料需求计划的基础数据。

（1）BOM 的生成：

①输入产品工程图纸的零部件明细表。

②由明细表生成单级 BOM，单级 BOM 仅列出父项直接使用的零部件。单级 BOM 中的部件是否进一步形成单级 BOM，取决于部件在制造过程中是否需要重新装配，传给上级。

③由单级 BOM 组合构造多级 BOM。多级 BOM 的底层一般为零件。

④对多级 BOM 底层的零件进行自动编码，便于计算机处理。

（2）BOM 的使用和格式：

①综合 BOM——用于物料需求系统、工程设计、工艺设计等；

②成本 BOM——用于成本分析。

（3）编制物料需求计划的步骤：

①决定毛需求；

②决定净需求；

③确定制造订单下达日期和订单数量。

（4）数据来源：

①主生产计划——项目清单、每一项目的数量、生产计划的时间段；

②独立需求预测——从 MPS 有独立需求的项目组件中提取数据；

③物料清单——零部件、原材料的需求数据；

④库存文件——在制品、半成品、成品、原材料、配件等信息，由此可确定净需求。

7. 编制能力需求计划

（1）收集所需数据：

①已下达车间的订单；

②MRP 计划订单；

③工艺路线文件；

④工作中心工作；

⑤车间工作日程。

（2）编制负荷图和计算工作能力——采用甘特图计算。

（3）对能力需求计划进行分析和评价：

①对能力需求计划倒序排产评价；

②分析 MRP 处理过程。

10.4　生产管理技术的发展趋势

1. 约束理论

MRPⅡ发展的重要趋势之一,是近期在西方流行的约束理论(theory of constraints——TOC)。

代表该理论的具有知识产权的软件和技术是最优生产技术(optimized production technology——OPT)。OPT 最先是最优生产时刻表(optimized production timetable)的缩写。TOC 创始人是一位以色列的物理学老师高德拉特博士(Eliyahu Goldratt)。该理论流入西欧和北美后,美国 GM 公司及其他制造业者称之为同步制造(synchronous manufacturing——SM)。SM 理论不仅受到工厂经营人员的青睐,也开始受到学术界的高度重视。

高德拉特看待和处理制造过程中的一些问题有独特和有价值的见解,很多观点和做法很接近丰田公司创立的丰田生产方式。其主要特点是现实地考虑生产系统中的资源约束(或瓶颈),排序方法称为有限资源排序(finite capacity scheduling)。而在此之前工业界所采用的则是无限资源排序(infinite capacity scheduling)。

约束理论较之 MRP,克服了 MRP 将产品和过程的信息分开的不足,尽管几个产品可能共用一个或几个零部件,从而共用几个制造与组装过程,但 MRP 还是将它们按产品各自的对应过程分开。因此那些公共的零部件信息及与之对应的制造过程必须重复存储。这样既增加了计算机的容量,也降低了执行速度。

2. MRPⅡ发展的第二个显著特征

MRPⅡ发展的第二个显著特征是 MRPⅡ向企业资源计划广度的扩展。

20 世纪 90 年代,传统的 MRPⅡ已无法满足企业利用一切市场资源,快速高效地进行生产经营的需求,部分国际性大企业开始朝着更高的企业信息系统层次——企业资源计划(enterprise resources planning——ERP)发展。

ERP 是由美国加特纳公司(Gartner Group)首先提出的。它基于计算机技术的发展,从哲理和实践两个方面提供企业(以制造业为代表)整体经营管理的解决方案。ERP 对传统的 MRPⅡ系统来讲是一场革命,主要可从以下三方面来说明。

(1) ERP 着眼于供应链,极大地扩展了管理信息集成的范围。

除传统 MRPⅡ系统的范围(制造、供销和财务)外,还集成了企业其他管理功能,如质量管理、实验室管理、设备维修管理、仓库管理、运输管理、项目管理、市场信息管理、国际互联网(Internet)和企业内部网(Intranet)、电子通信(EDI、电子邮件)、金融投资管理、法规与标准管理,以及过程控制接口、数据采集接口等,成为一种覆盖整个企业的全面的管理信息系统。

ERP 不仅着眼于供应链上各个环节的管理信息,而且汇合了离散型生产和流程型生产的特点,满足同时具有多种生产类型企业的需要,扩大了软件的应用范围,使管理人员能在客观环境瞬息万变的情况下,实时掌握和交换更全面的信息,迅速做出决策。

(2) ERP 采用了计算机技术新的成就,主要有图形用户界面技术、关系数据库管理系统(RDBMS)、面向对象技术(OOT)。在软件设计上扩大了用户自定义的灵活性和可配置性等。

(3) ERP 定向于企业业务流程重组(business process reengineering——BPR)。

传统的 MRPⅡ软件以企业内部管理信息为主,有很大的局限性。为了缩短交货期,处于供应链上的几个重要环节——供应商和协作单位、分销商,都必须同步满足市场的需求,同客户一起,在 ERP 系统中实现信息集成。ERP 的内涵还会随着技术进步和管理思想的发展不断充实。

MRP Ⅱ 是通过计划的及时滚动来控制整个生产过程的,它的实时性较差,一般只能实现事中控制。而 ERP 强调企业的事前控制能力,它可以将设计、制造、销售、运输等通过集成来并行地进行各种相关的作业,为企业提供了对质量、适应变化、客户满意、效绩等关键问题的实时分析能力。

目前,随着 Internet 和 Intranet 的商业化、异构数据转化的实现,ERP 为网络动态联盟企业的生产组织管理提供了概念、方法和途径。

3. 生产组织方法的第三个发展趋势是 MRP 与 JIT 的集成

这是当前学术界关注的热点。许多专家和学者都提出应该把 JIT 与 MRP 进行集成,Belt 建议应以 MRP 作为主体采用一些 JIT 方面的技术,如降低提前期和批量等。Black Burn 认为,把物料单和工艺路线集成在同一个文件中,会有利于 JIT 在多品种、小批量模式(job shop)的企业中实施。Mcfadden 等突出了通过计算机软件实现集成,确信采用计算机技术并不会丧失拉式系统的特性,而且会增强 JIT 的能力。他们认为 JIT 中有许多思想,如降低浪费、全面质量管理、持续发展、简化操作以及建立可靠的供应商和培训多面手操作人员等,都可以在多品种、小批量生产环境中应用,但 JIT 中的许多车间级控制方法实施起来却非常困难。Bulinger 等人则把从 MRP 到 JIT 的进步看作是实现 CIM(计算机集成制造)的第一步。

有关学者认为在包括多品种、小批量模式的所有生产模式中,都有必要采用 JIT 的哲理。通过研究发现,如果满足一定的条件,也可以实现 JIT 与 MRP 的集成。其中,加工时间变动不会影响 JIT 的应用,但负荷和机器故障是影响 JIT 实施的关键因素。不稳定的负荷会导致瓶颈工序,使拉式系统看起来像推式系统。通过仿真研究发现,在多品种、小批量模式中,采用 MRP 与 JIT 结合的模式,可以有效地避免 MRP 应用过程中存在的不足。

Flapper 等给出了 MRP 与 JIT 进行集成的理论框架。该框架采用了 MRP 的"反冲(backflush)"和"虚拟件(phantom)"概念,使 JIT 哲理得以最充分地发挥应用。Flapper 等人认为,MRP 是解决计划与控制问题的一种理想机制。JIT 则是降低成本、减小提前期的最好工具。有效地发挥二者的优势,会给企业带来极大的收益。

从企业应用层面看,目前,主要是采用 MRP Ⅱ 进行企业生产的计划管理,而现场生产管理控制采用 JIT 的拉式系统。我国联想电脑公司自 1996 年开始,在内部现代化建设上进行了有力的投入,更新了通信设施,布设了局域网络,增加了办公电脑,实现了无纸化办公,为 MRP Ⅱ 的全面推广奠定了硬件基础。目前,库存管理、成本管理、财务管理等模块均全部实现了基于 MRP Ⅱ 的人机交互式管理。为了更加有效地降低劳动成本,减少不必要的库存,减少超量生产的浪费,也应用了 JIT 的管理方法,对物流管理、车间作业管理实施实时调控。在 MRP Ⅱ 系统中,吸收 JIT 看板系统的思想和方法:备料按装配所需生产;严格控制整机在线储备量;最大限度地降低产品品种更换时间,将相同的机型、类似机型安排在相近的生产周期生产,实现整个生产过程的标准化、同步化;设立 TQC 进行生产过程质控;实行小批量采购策略等,这些都是在计算机管理的基础上 JIT 思想的应用。他们将精力集中于生产过程本身,通过生产过程整体优势提高质量,较好地达到了用较少投入实现较大产出的目的。MRP Ⅱ 与 JIT 在联想的应用,使生产节拍显著加快,产量不断扩大,取得明显的经济效益。

4. 智能资源计划(IRP)

所有上述的企业管理思想和模式基本上都是基于一种"面向事务处理"的、按顺序逻辑来处理事件的管理,均不能对无法预料的事件和变化做出快速反应。

应运而生的智能资源计划是一种具有智能及优化功能的管理思想和模式,它打破了以前所有那些"面向事务处理"的管理模式。它可使管理人员按照设定的目标去寻找一种最佳的方案并迅速执行。这样就可紧紧跟踪甚至超前于市场的需求变化,快速做出正确的决策,随之改变原有的计划,并以最快的速度执行这些变化。

在现阶段所有"面向事务处理"的管理软件都按照传统的制造业方式来进行管理,它们所能解答的仅仅是"生产什么?""用什么生产?""已有了什么?""还缺什么?""计划何时下达?"而 IRP 则上升到了另一个高度,它除了能解答上述问题外,还能解答什么将是市场最需要的产品,如何实现以最正确的方式、在最恰当的时间内、在最好的场所、以最好的设备、用最好的资源、由最合适的人员来进行生产,然后以最畅通的渠道将产品提交到市场,尽快完成资本循环,并且具有最小的和可控的产品提前期。这些都是 IRP 以前的管理方法无法解决的。IRP 还将解决以前无法解决的"协同制造"和"约束资源"等问题。

思　考　题

10-1　企业应用计算机管理的意义和条件是什么?

10-2　计算机辅助生产管理系统的构成是什么?

10-3　什么是 MRP 系统?

10-4　生产管理技术的发展趋势是什么?

第 11 章

先进制造生产模式

本章主要讲述了先进制造生产模式相关内容，要求了解制造业生产模式的演变发展过程，掌握先进制造生产模式的主要内容。

◀ 11.1 制造业生产模式的演变 ▶

1. 制造业生产模式的发展

回顾历史，人类制造业的生产方式的发展大致经历了四个主要阶段：

1）手工与单件生产阶段

其基本特征为：

（1）手工操作通用机床，按用户要求进行单件生产，生产的产品的可靠性和零件的互换性差，可靠性和一致性不能得到保证；

（2）劳动生产率低，生产成本高；

（3）生产者是整台机器的作坊业主；

（4）工厂组织结构松散，管理层次简单。

2）大批量生产阶段

其主要特征为：

（1）实行从产品设计、加工制造到管理的标准化和专业化生产；

（2）采用移动式的装配线和高效的专用设备；

（3）实行纵向一体化管理。

3）柔性自动化生产阶段

从 20 世纪 50 年代开始，随着生产环境的变化，人们逐渐认识到刚性自动化的不足，大量生产少数产品品种的局限性越来越大，对大批量生产方式的缺点有了进一步的认识，包括：劳动分工过细，导致了大量功能障碍；对市场和用户需求的应变能力较低；纵向一体化的组织结构形成了臃肿官僚的"大而全"的塔形多层体制。市场的多变性和顾客需求的个性化、产品品种和工艺过程的多样化以及生产计划与调度的动态性，迫使人们寻找新的生产方式，提高工业企业的柔性和生产率，并试图从技术的角度改变大批量生产模式的不足。1952 年，美国麻省理工学院试制成功第一台数控铣床，揭开了柔性自动化生产的序幕。1968 年，英国莫林公司和美国辛辛那提公司建造了第一条由计算机集中控制的自动化制造系统，定名为柔性制造系统。20 世纪 70年代，出现了各种微型机数控系统、柔性制造单元、柔性生产线和自动化工厂。以上这些技术进步和发展，标志着柔性生产的开始。与大批量生产模式相比，它工序相对集中，没有固定的节拍，物料非顺序输送，将高效率与高柔性融于一体，生产成本低，具有较强的灵活性和适应性。

4）高效、敏捷与集成经营生产阶段

其特征为：

（1）市场需求波动、消费者行为更加具有选择性，产品需求朝多样化发展；

（2）市场对产品性能、质量要求更高，产品寿命缩短；

（3）国际合作成为科学发展的强大势头；

（4）竞争日趋激烈；

（5）技术迅猛发展。

2．先进制造生产模式的创立基础及战略目标

先进制造生产模式，其本质就是集成经营。集成经营是在新市场环境下，将企业经营所涉及的各种资源、过程与组织进行一体化的并行处理。通过集成使企业获得精细、敏捷、优质与高效的特征，在更大的空间范围与更深的层次上有效地共享资源，以适应环境变化对质量、成本、服务及速度的新要求；通过增强生产或企业范围内的系统一致性、整体性和灵活性来提高企业的应变力，以求得快速响应不可预测的市场的变化。

先进制造生产模式的主要战略目标可以概括如下：

1）以获取生产有效性为首要目标

卖方市场的特征使大批量制造生产模式的生产有效性成为既定满足的条件，致力于生产效率的提高成为大批量制造生产模式的中心任务。当今复杂多变的市场环境，特别是消费者需求的主体化与多样化倾向使得制造生产的有效性问题突显出来。先进制造生产模式不得不将生产有效性置于首位，由此导致制造价值定向（从面向产品到面向顾客）、制造战略重点（从成本、质量到时间）、制造原则（从分工到集成）、制造指导思想（从技术主导到组织创新和人因发挥）等出现一系列的变化。

2）以制造资源集成为基本制造原则

制造是一种多人协作的生产过程，这就决定了"分工"与"集成"是一对相互依存的组织制造的基本形式。制造分工与专业化可大大提高生产效率，但同时造成了制造资源（技术、组织和人员）的严重割裂，前者曾使大批量生产模式获得过巨大成功，而后者则使大批量生产模式在新的市场环境下陷入困境。

3）经济性源于制造资源的快速有效集成

经济性是任何一种制造活动都要追求的主要目标。先进制造生产模式的经济性体现在制造资源快速有效集成所表现出的制造技术的充分运用、各种形式浪费的减少、人的积极性的发挥、供货时间的缩短和顾客满意程度的提高等。

4）着眼于组织创新和人因工程的发挥

与以技术为主导的大批量制造生产模式不同的是，先进制造生产模式更强调组织和人因工程的作用。技术、人员和组织是制造生产中不可缺少的三大必备资源。技术是实现制造的基本手段，人是制造生产的主体，组织则反映制造活动中人与人的相互关系。技术作为用于实际目的的知识体系，它本身就源于人的实践活动，也只有通过被人所掌握与应用才能发挥其作用。而在制造活动中人的行为又受到他所在组织的影响、诱导、制约和激励。所以，制造技术的有效应用有赖于人的主动积极性，而人因工程的发挥在很大程度上取决于组织的作用。显然，先进制造生产模式着眼于组织与人的因素是抓住了问题的关键。

5）重视发挥新技术和计算机信息的作用

抓住计算机发展和应用所提供的契机，以最新技术（如 CAD、CAM、CAE、CAID、CAPP、MRP、GT、CE 以及 FMS 等）、全面质量管理（TQC）以及计算机网络作为工具和手段，将这些当今先进的技术与组织变革和人因工程改善有效集成起来，便可发挥出巨大潜能。

3. 先进制造生产模式的核心问题

1）组织创新

未来企业之间的竞争,除了比谁的资料和技术具有关键性外,另一个决定性的因素就是组织的创新优化。现代企业组织结构的特性主要体现在以下几个方面:

(1) 灵活性 利用不同地区的现有资源,迅速组合成为没有围墙的、超越空间约束的、靠电子手段联系的、统一指挥的经营实体——虚拟企业和虚拟单元。

(2) 分散性 为了使资源信息快速、准确地提供给组织内各个潜在的决策者,也为了使决策者能迅速调动所需资源,需要用信息网络将组织成员联结起来,形成组织结构的网络化。

(3) 动态性 企业的组织结构将从传统的、递阶层次的“机械结构型”向更适合市场竞争的“化学分子型”和“生物细胞型”转变,成为扁平的多元化“神经网络”。

(4) 并行性 产品开发工作在时间坐标上相互重叠与交叉,小组内的成员并行工作,协同完成产品设计、制造、销售等任务。

(5) 独立性 项目组在企业内是相对独立的,项目负责人有权决策项目内的活动。

(6) 简单性 项目组内以简单的工艺流程来代替传统的整个工厂集中控制的复杂的流程。

2）集成经营

代表精细、敏捷与柔性的集成经营是在新的市场环境下,运用系统集成思想与技术,将企业经营所涉及的各种资源、过程与活动进行一体化的并行处理。企业这种快速有效集成经营形式与传统企业的概念完全不同。集成经营要有先进的工业信息网络。它的组织形式是一种动态联盟,要妥善处理知识产权和无形资产的评估、保护、转移和归属,成员间相互信任与合作是成功的关键,利益驱动是各成员参加动态联盟的推动力。它需要创造良好的外部环境和改善内部管理,建立新的投资及投资评价观以及获得信息技术的支持等。

3）新的质量保证体系

在目前消费者需求主体化、个性化和多样化的趋势下,对先进制造生产模式而言,质量成为多元化问题,甚至是国际化问题,需要有新的质量保证体系,其中有:

(1) 新的三维质量观。

这包括全面质量满意、适度质量和质量的时间性。全面质量满意,指在产品整个生命周期中用户的满意度、企业本身的满意度(即指一般员工、管理者以及所有者或股东三种人的满意度)以及社会和国家的满意度(因为质量不只是企业与消费者之间的问题,还涉及包括非消费者在内的大多数人,质量如果不能与自然和社会环境相适应,不能满足社会和国家的需要,企业最终仍会走上失败之路)。适度质量,这是质量的经济性问题。过高的、超过需要的质量会造成资源浪费,而过低则达不到全面质量满意。因此,在解决了全面质量满意的测度之后,确定适度的质量水平就十分必要。质量的时间性,指市场瞬息万变,消费者的价值观也在变化,因此质量具有时间性,在目前时间点上是适度质量的产品,若干时间后则可能是不良质量的产品。

(2) 新的质量保障体系。

先进制造生产模式的产生与发展以及人类质量观念的不断更新,要求新的质量保障体系必须是着眼于战略层次的、内容丰富的开放系统。建立先进制造生产模式下的质量保障体系应遵循以下三个基本原则:①人本原则。人因工程的发挥、信任员工、自主管理和员工参与都是人本原则的具体体现,这一切都有赖于对员工的质量培训与质量教育。质量教育是质量保障体系的一项重要内容。②过程监控。新的质量保障体系的着眼点必须从过程的结果(产品质量)转移到管理过程本身,以过程质量确保产品质量。只有识别、组织、建立和协调各项质量过程网络及其接口,才能创造、改进和提供稳定的质量,这就是过程监控原则。③体系管理。任何一个企业(组织),只有依据实际的环境条件,策划、建立和实施质量体系,实施体系管理,才能管理有效,因此,必须实行体系管理。

4) 生产过程重组

生产过程重组(重组工程)有四个基本观点:

(1) 过程观点　生产过程涉及为达到生产目的而实施的一组逻辑上相关的任务,包括人、物流、能源、设备等的逻辑组合和实现特定目标的工作程序,这些必是有机联系的。

(2) 根本性的再思考　要摒弃过时的生产观点和管理思想,重新深入思考"企业应该做什么"这一类基本问题。

(3) 彻底的再设计　就是要进行全面创新,而不仅仅是在某些方面的改进。

(4) 大幅度提高绩效　这是重组生产过程的目的,也是衡量生产过程重组成功与否的标志。

5) 以人为本

以人为本需要企业采取以下措施:

(1) 优化组合各种不同特点和专业特长的人才　一个好的团队应该充分考虑到人才之间性格、专长和能力的互补,这样组合起来的群体作用会大大超过个体之和。反之会对企业的高效运作起破坏作用。

(2) 创建以人为中心的企业文化和价值观　员工应从控制对象转变为授权对象,尽可能让他们参与过程运营的日常决策,创建更加开放、更加简捷的交流报告机制。

(3) 组建跨学科项目团队　传统的工作模式,即长期从事一项工作会使员工与此项工作无关的能力丧失,墨守成规和强求一致会扼杀人的创造力,人们将不知不觉地被同化,员工的创造性和主观能动性越来越低。在新的生产模式中,跨学科的团队的建设将大大解放创造力,激发员工的积极性。团队必须具备"开放式"思维、"网络式"思维和"动态"思维,从而为员工的学习和创新提供动力源泉。这种网络团队要求员工掌握多门学科知识,具有对各种挑战的应变能力,以并行方式集成每一个人的全部知识和技能,使员工具有很强的创新能力和很高的工作效率。

(4) 促进团队之间的互相信任　团队之间的互相信任是团队成员合作的基础。信任是减少偷懒行为和增强合作绩效的最有效机制。它能充分发挥人的积极性与潜力,从而使团队产生个人效用和他人效用同步增长。所以说以人为本、尊重人与信任人是团队顺利工作的前提。应在团队内部建立竞争与合作并存的机制,促进团队在已有核心能力的基础上不断创新。

6) 人机分工、人机匹配

首先是人机分工原则。人和机器各有所长,在制造系统中要加以分工,相互匹配,使整体功能优化。其分工原则为:不宜用人来完成的工作完全由机器完成;人可简易完成、机器极难完成或不能完成的工作,应由人去完成;人、机均可完成的工作,可根据技术、经济条件,选择以机为主,人作后备,以提高系统的可靠性,或者由人完成,条件具备时再向前者转化。

7) 用分工协作代替全能

每个企业放弃全能,保留专长,各自发挥自身优势。利用企业间的分工协作、优势互补,实现共同目标。协作范围可以跨行业、跨地区以至跨国界。协作领域可以是产品零部件配套生产、新技术研究和新产品开发。企业间协作关系不是依赖于指令,而是由共同利益驱动,由协作约定来保证。

8）用并行或交叉作业代替串行作业

任何工程作业均有其流程特性，即先行工序与后续工序的顺序不能颠倒，亦不能同时进行。在符合流程特性的前提下，将串行作业改为并行或交叉作业，是缩短工作总周期的一种广为应用的方法。

如在生产技术准备工作中，通过一体化和并行地设计产品及其相关过程（包括制造过程和支持过程），利用计算机网络和模拟仿真技术，对分布式进行的各种相关工作环节按其流程顺序传送和反馈彼此相关信息，通过反复的相互迭代设计和仿真检验，使整个技术准备工作同时完成，以缩短工作周期。

◀ 11.2　先进制造生产模式 ▶

1. 并行工程

并行作业的思想早就存在，作为一种工程界的科学方法始于 20 世纪 80 年代中期。制造系统与制造工程中的并行工程指的是对产品开发生命周期中的一切过程和活动，借助信息技术的支持，在集成的基础上实行并行交叉方式的作业，从而缩短产品开发的周期，缩短产品投入市场的时间。并行工程是一种加速新产品开发过程的制造系统模式，是制造业在竞争中赢得生存和发展的重要手段。传统的产品开发是一个串行工程，信息是单向、串行地流动，设计、制造过程中缺乏必要和及时的信息反馈。在设计早期不能全面考虑下游的可制造性、可装配性等多种因素，致使经常需要对设计进行更改，构成从概念设计到设计修改的大循环，而且可能在不同环节多次重复同一过程，造成设计改动量大，产品开发周期长、成本高，难以满足日益激烈的市场竞争需求。串行方式已经严重影响企业的发展。并行工程的概念正是在这种情况下提出的。

对于并行工程的定义有多种说法，至今并没有统一。1986 年，美国国防部先进计划局 DARPA（Defense Advanced Research Projects Agency）制订了一项为期五年的并行工程的启动计划 DICE（DARPA inintiative in concurrent engineering）。R. I. Winner 在美国防务分析研究所的研究报告中对并行工程作了如下的定义：并行工程是一种对产品及其相关过程（包括制造过程和有关的支持过程）进行平行、一体化设计的系统化工作模式。这种模式力图使开发人员从一开始就考虑到产品的生命周期（从产品的概念形成到其报废消亡）中的一切因素，包括质量、成本、进度计划和用户需求。

这个定义明确地指出：系统化方法是并行工程的核心，它把产品设计的早期阶段，特别是顾客需求这个最初的也是最重要的阶段包括到系统中来。这是因为产品开发的早期阶段设计工作的正确与否，决定了未来产品价值的主要部分（据统计约占 50%），可是，它们所花费的费用只占很少的部分（据统计约占 10%）。产品开发生命周期中不同阶段对最终产品价值的影响如图 11-1 所示。

现实世界中，人们有两种不同的工作方式：串行作业和并行作业。制造系统与制造工程中的串行作业与并行作业如图 11-2 所示。

串行工程与并行工程各自的主要特点如下：

（1）传统的串行作业方式是一个时间一件工作；并行作业方式则是一个时间多个工作。

（2）传统的串行作业方式是工作区间相互独立，顺序进行；并行作业是工作区间相互交叉与重叠。

（3）传统串行作业是多工种（专业）相互独立地工作；并行作业是多工种的多功能小组协同

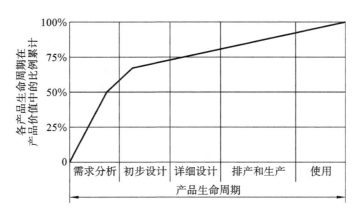

图 11-1　产品开发生命周期中不同阶段对最终产品价值的影响

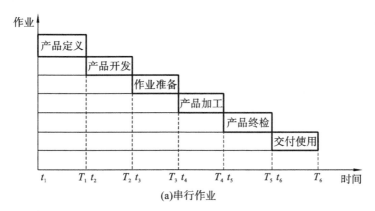

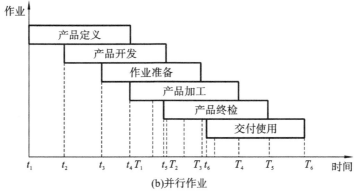

图 11-2　串行作业与并行作业

一致地工作。资源有限的现实条件下,要集中力量首先做好时间常数大的过程的交互,或时间常数不大,但是它们却相互接近的过程的交互。为了快速做出合格的产品,要加快上游信息过程状态的交互,保证最终产品一次成功。

人们清楚地看到:要使并行工程取得成功,约束的规划、推理及管理是非常重要的。从这一意义上说,并行工程也可以看成是为了取得满意的产品,在产品开发的生命周期中,对一组范围广泛的约束进行规划、优化推理和决策的过程。这里的约束有两类:资源的不等式约束(如仓库面积只有 200 m²)和客观规律的等式约束(如力等于质量乘以加速度 $F = ma$)。推理有严格的逻辑推理和启发式的智能推理。

(1)资源的分类。资源一般分成物质资源、时间资源和空间资源。物质资源有材料资源、人力资源。图 11-3 所示为资源分类情况。材料资源指的是地下资源处理后的原材料及其制成品:零件和设备。人力资源是信息时代最重要的资源,分为技术人员与工艺人员两种。

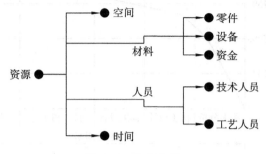

图 11-3　资源分类

(2) 资源约束的规划与调度。为了做好资源约束的规划与调度,首先要建立资源约束的模型,进而分析模型、发现关键的约束变量、消除冗余的约束变量,这样可以大大地缩小问题的范围和求解空间,最后找出满意的解答。资源约束的规划与调度的基本过程如图 11-4 所示。

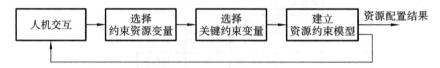

图 11-4　资源约束的规划与调度的基本过程

值得指出的是:这里说的资源约束,是指选择有限的、有竞争的那些资源作为约束变量,而不是根据自然物理规律来选择资源约束变量。例如,空气不是资源,因为它是无限的(工程实际意义上),不存在竞争。但是,谁都清楚人们离开了空气是无法生存的。先进制造系统是一种非常庞大的、复杂的非线性系统,约束变量非常多,约束空间非常大。在建立约束模型、选择资源变量时,一定要简化,选择有竞争的那些资源作为约束变量,而不是根据自然物理规律来选择。

2. 敏捷制造

敏捷制造是一种全新的制造概念。美国机械工程师协会(ASME)主办的《机械工程》杂志1994 年期刊中,对敏捷制造作了如下定义:"敏捷制造就是指制造系统在满足低成本和高质量的同时,对变幻莫测的市场需求的快速反应。"

根据美国 Lehigh 大学 Iacocca 研究所 Roger N. Nagel 教授的观点,敏捷制造企业具有以下特征:

1) 开放的体系结构

敏捷制造企业为了快速完成各种项目任务,需要建立多部门参与的工作小组与其他企业进行多方动态合作,使企业系统成为一个开放式的体系结构,以便支持企业的多部门工作小组和多方动态合作的活动。

2) 全企业集成

敏捷制造企业主要以面向任务和项目工作小组的形式来组织生产活动,每个项目工作小组都有相应的权力、责任和利益。为了避免混乱,企业管理部门必须对项目工作小组及相应的低层职能部门进行直辖和控制。要求管理部门能够及时而迅速地掌握各项目工作小组和相应的低层职能部门的运行情况和存在的问题,并能迅速地把协调与控制信息传递给项目工作小组和相应的低层职能部门。为了实现这种协调与控制,整个企业需要集成起来,这种集成应该是从信息、功能以及人员等方面对企业进行全方位的集成。

3）技术的领先

为了能够抓住市场机遇,灵活快速地制造出令用户满意的产品,敏捷制造企业必须拥有先进的技术实力。否则,在市场机遇出现时,很难成为多方动态合作的伙伴,因为敏捷制造企业所寻找的合作伙伴应该是某方面技术上的先驱者。

4）技术的敏感

敏捷制造企业需要通过灵敏的技术装备及时抓住市场机遇,从而在激烈的市场竞争中获胜。一个成功的企业决不能容忍它的技术装备的灵敏性落后于竞争对手。

5）缩短循环周期

为了缩短对用户需求的响应时间,敏捷制造企业需要不断地检查自身,努力缩短所有活动过程的时间,包括产品的设计过程、制造过程以及企业的管理过程等。

6）柔性的重构

当市场机遇出现时,敏捷制造企业需要迅速地将雇员按项目任务组织起来,并重新配置设计、制造与市场销售等职能部门,实现企业的柔性重构。

7）产品设计一次成功

产品的设计往往是企业的瓶颈,为了能够对市场变化作出快速反应,敏捷制造企业必须保证产品设计的一次成功。计算机辅助技术(如 CAD、CAPP、CAM 等)、计算机模拟仿真技术以及并行设计的组织方式将是保证产品设计一次成功的有效手段。

8）可存取和可使用的信息

为了保证工作小组的有效性,工作小组及其成员,包括本企业的雇员和其他企业的合作雇员,必须能够迅速地存取和使用本企业的各种信息,这种信息共享模式所带来的经济效益将远大于信息限制与保密所带来的效益。

9）产品终身质量保证

由于越来越多的企业都能够有效地保证产品无缺陷,质量一词的含义已不再仅仅是零缺陷,而是零缺陷与用户满意的结合。因此,企业仅仅依靠零缺陷的质量将无法在市场中获得竞争优势,敏捷制造企业必须对出售的产品在其使用寿命期内实行终身质量保证,确保用户满意。

10）考虑长期利益的管理与领导

面对快速多变、竞争激烈的市场,敏捷制造企业需要具有远见卓识的领导指出企业的前进方向和发展目标,提出达到这一目标的企业战略和战术,并鼓励项目工作小组发挥积极性和创造性去解决可能遇到的一切问题。在具有远见卓识的领导的带领下,敏捷制造企业将能够看准前进方向,抓住市场机遇,不断获取竞争的胜利。

11）根据用户需求建立组织机构

在敏捷制造企业中,企业计划是根据用户需求迅速开发产品并进行生产的计划,这就要求整个企业的每一个员工都有责任迅速准确地支持并行工作小组的工作,保证企业计划的顺利完成,从而实现对用户需求的快速响应。

12）并行工程

为了能够快速响应市场需求,敏捷制造企业的各个部门应该并行工作,而不是单一顺序地工作,这些部门不仅包括设计部门和制造部门,而且包括市场、财务、人力资源等所有部门。

13）动态多方合作

由于市场需求的多样化和个性化,企业间将同时存在各式各样的合作项目,为了保证合作的有效性,企业应提供一种责权利统一的标准合作程序,并对合作进行评价。由于这种合作是有限的、不固定的,合作的程度也不尽相同,因此称为动态多方合作。

14）继续教育

在敏捷制造企业中，雇员及其知识被视为企业的主要资产，为了企业的前途，企业人力资源管理部门应根据实际情况作出年度培训及教育计划。

15）尊重雇员

在敏捷制造企业中，企业将雇员的知识和创造力看作企业的主要资产，并不断对其进行评价，加以培养和完善。为了充分发挥雇员的知识和创造力的作用，企业将实施各种尊重员工的政策。

16）向工作小组及其成员放权

为了快速响应市场需求，敏捷制造企业必须以面向项目任务的工作小组形式来组织工作，这就要求过去层层集中的一部分权力下放给工作小组及其成员，允许他们在适当的时候独立决策。

17）雇员的知识面广阔

在敏捷制造企业中，企业的竞争能力将主要取决于雇员的知识和适应能力。比如，产品的生产过程绝非仅仅依赖于机器设备等物质因素，还要依靠设计和制造等人员的经验和知识。只有当企业雇员具有更多的知识和更强的适应能力，而企业又能充分利用这些知识时，企业才能在快速多变的市场中具有竞争优势。

18）工作环境良好

企业应该提供良好的工作环境，使企业的雇员在其中能心情愉快地工作，充分发挥其主观能动性和创造性。

敏捷制造企业的基本特征可归纳如下：

（1）产品批量大小与成本关系不大。

（2）新产品快速上市。

（3）全生命周期顾客满意质量。

3．精益生产

精益生产是以满足市场需求为出发点，以充分发挥人的作用为根本，对企业所拥有的生产资源进行合理的配置，使企业适应市场的应变能力不断增强，从而获得最高经济效益的一种生产模式。

精益生产的内涵体现在以下几个方面：

1）以人为中心的人-机系统

主要做法有：

（1）企业把人看作比机器更为重要的固定资产。

（2）当生产线上出现质量问题时，雇员及工作小组有能力与权力停机，同小组人员一起检查问题与解决问题并将信息反馈回来，无须等待中层或高层经理逐级下达命令。

2）简化一切过程

主要做法有：

（1）采用精良的组织方式。

（2）采用精良的设计方式。

（3）采用准时制生产方式。

3）精良的协作方式

主要做法有：

（1）根据长期合作关系及一贯表现选定协作厂，而不是靠投标方式。

（2）利益分配方面，总装厂和协作厂共同讨论，在各方面都能取得合理利润的情况下，确定各部分所能分到的成本价格，并在各自所分得的目标价格前提下，应用价值工程方法进行成本分析，努力降低成本。

（3）交货方式采取 JIT 的方式。

（4）由于总装厂和协作厂之间相互依存的关系，协作厂通过"协作厂协会"的组织相互坦诚地交流最新的观念和技术，并通过不断努力与总装厂共同提高生产水平。

4）同供应商建立良好的合作与伙伴关系

以价格关系为依据的委托-受委托的关系，被长年累月建立的深信不疑的伙伴关系所取代。在产品开发的开始就选好供应商，并将它们加入到开发的过程中。由此供应商掌握着成本和生产过程的内部信息，通过共同的分析来提高成本分析的可靠性。

5）高度灵活的自动化机械

精益生产主张采用小型的、高度灵活的自动化设备，并强调人与组织管理是发挥自动化设备效益的先决条件。MIT 研究报告中指出：自动化的程度对提高企业效益不是唯一的因素，有时是不重要的，关键的是要对症下药和提高人员的素质。

6）综合的质量保证系统

精益生产认为：在流水线上工作的人员是质量保障的基础。为此，每一个小组为他们工作的质量负责并自己承担质量的检验，从而取消了昂贵的专用检验场地和成品后处理区。只有这样做，才可能生产高质量产品，才能使出现的故障立即追溯到它们的根本原因所在，从而得到根本的解决。同大批量生产相比，精益生产中高质量的措施不会引起高成本。

7）持续不断地改进和优化

MIT 研究报告指出：精益生产与大批量生产之间的根本区别在于目标的制定。大批量生产模式的目标是足够好，而精益生产的目标是力求不断完善。实现的方法是不断改进，逐步优化。

精益生产的目标、手段与结果如图 11-5 所示。

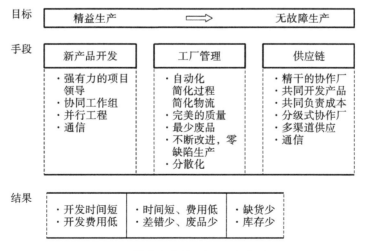

图 11-5　精益生产的目标、手段与结果

4. 智能制造系统

智能制造包括智能制造技术（IMT）和智能制造系统（IMS）。智能制造系统是一种由智能

机器人和人类专家共同组成的人-机一体化智能系统,它在制造过程中能以一种高度柔性与集成的方式,借助计算机模拟人类专家的智能活动进行分析、推理、判断、构思和决策等,从而取代或延伸制造环境中人的部分脑力劳动。同时,收集、存储、完善、共享、继承和发展人类专家的智能。

与传统的制造系统相比,智能制造系统具有以下特征:

1)自组织能力

自组织能力是指 IMS 中的各种智能设备能够按照工作任务的要求,自行集结成一种最合适的结构,并按照最优的方式运行。完成任务以后,该结构随即自行解散,以备在下一个任务中集结成新的结构。自组织能力是 IMS 的一个重要标志。

2)自律能力

IMS 能根据周围环境对自身作业状况的信息进行监测和处理,并根据处理结果自行调整控制策略,以采用最佳行动方案。这种自律能力使整个制造系统具备抗干扰、自适应和容错等能力。

3)自学习和自维护能力

IMS 能以原有专家知识为基础,在实践中不断进行学习、不断完善系统知识库,并删除库中有误的知识,使知识库趋向最优,同时,还能对系统故障进行诊断、排除和修复。

4)整个制造环境的智能集成

IMS 在强调各生产环节智能化的同时,更注重整个制造环境的智能集成。这是 IMS 与面向制造过程中的特定环节、特定问题的"智能化孤岛"的根本区别。IMS 涵盖了产品的市场、开发、制造、服务与管理整个过程,把它们集成为一个整体,系统地加以研究,实现整体的智能化。

IMS 的研究是从人工智能在制造中的应用开始的,但又不同于人工智能。人工智能在制造领域的应用,是面向制造过程中特定对象的,研究的结果导致了"自动化孤岛"的出现,人工智能在其中是起辅助和支持的作用的。而 IMS 是以部分取代制造中人的脑力劳动为研究目标的,并且要求系统能在一定范围内独立地适应周围环境并开展工作。

思 考 题

11-1 概括说明先进制造生产模式的战略目标。

11-2 阐述先进制造生产模式的含义及核心问题。

11-3 阐述并行工程的内涵及特征。

11-4 阐述敏捷制造的定义及特点。

11-5 简要说明精益生产的定义及内涵。

11-6 阐述智能制造系统的含义及特征。

[1] 王定标,郭茶秀,向飒.CAD/CAE/CAM 技术与应用[M].北京:化学工业出版社,2013.

[2] 乔立红,郑联语.计算机辅助设计与制造[M].北京:机械工业出版社,2014.

[3] 李广云,李宗春.工业测量系统原理与应用[M].北京:测绘出版社,2011.

[4] 王伟,张虹.机械 CAD/CAM 技术与应用[M].2 版.北京:机械工业出版社,2015.

[5] 王贤坤.机械 CAD/CAM 技术、应用与开发[M].北京:机械工业出版社,2000.

[6] 宗志坚.CAD/CAM 技术[M].北京:机械工业出版社,2006.

[7] 王伟,宋宪一.机械 CAD/CAM 技术与应用[M].北京:机械工业出版社,2012.

[8] 杨岳,罗意平.CAD/ CAM 原理与实践[M].北京:中国铁道出版社,2002.

[9] 王学文.CAD/ CAM 原理与技术[M].北京:中国铁道出版社,2014.

[10] 孔璇,祝成峰,苏畅.中文版 SolidWorks2014 案例教程[M].上海:上海交通大学出版社,2015.

[11] 傅永华.有限元分析基础[M].武汉:武汉大学出版社,2003.

[12] 刘国庆,杨庆东.ANSYS 工程应用教程——机械篇[M].北京:中国铁道出版社,2002.

[13] 李世芸,李功宇,张曙红.ANSYS9.0 基础及应用实例[M].北京:中国科学文化出版社,2005.

[14] 何法江.机械 CAD/CAM 技术[M].北京:清华大学出版社,2012.

[15] 蔡颖,薛庆,徐弘山.CAD/CAM 原理与应用[M].北京:机械工业出版社,2011.

[16] 杨亚楠,史明华,肖新华.CAPP 的研究现状及发展趋势[J].机械设计与制造,2008 (7):223-225.

[17] 任军学,田卫军.CAD/CAM 应用技术[M].北京:电子工业出版社,2011.

[18] 谢颖,温小明.CAD/CAM 软件应用[M].北京:北京理工大学出版社,2014.

[19] 刘雄伟,等.数控加工理论与编程技术[M].2 版.北京:机械工业出版社,2000.

[20] 陈明,刘钢,钟敬文.CAXA 制造工程师——数控加工[M].北京:北京航空航天大学出版社,2006.

[21] 王小荣.机床数控技术及应用[M].北京:化学工业出版社,2017.

[22] 傅水根.机械制造工艺基础[M].3 版.北京:清华大学出版社,2010.

[23] 邵永录.CAD/ CAM 应用技术[M].北京:机械工业出版社,2006.

[24] 王昌长,李福祺,高胜友.电力设备的在线监测与故障诊断[M].北京:清华大学出版社,2006.

[25] 刘海滨.人工智能及其演化[M].北京:科学出版社,2016.

[26] 程控,革扬.MRPⅡ/ERP 原理与应用[M].北京:清华大学出版社,2002.

[27] Jeff Ferguson,Brian Patterson,等.C#宝典[M].盖江南,等译.北京:电子工业出版

社,2002.

[28]　Judith S. Bowman,Sandra L. Emerson,Marcy Damovsky. SQL 实用参考手册[M].康博,译.4 版.北京:清华大学出版社,2002.

[29]　和青芳.计算机图形学原理及算法教程[M].北京:清华大学出版社,2006.